U0237779

3050 中青年学者"双碳"目标学术研讨系列

○ 山东省自然科学基金资助项目"碳约束背景下能源转型'两化'任务对区域产业转型升级的影响效应与政策研究"（ZR2022QG015）资助

○ 烟台市校地融合项目"烟台市碳排放数据库开发与多场景碳减排路径研究"资助

环境规制的碳减排作用机理及路径优化研究

于向宇 李 跃◎著

中国财经出版传媒集团
中国财政经济出版社

图书在版编目（CIP）数据

环境规制的碳减排作用机理及路径优化研究／于向宇，李跃著 . — 北京：中国财政经济出版社，2022. 12

ISBN 978 - 7 - 5223 - 1529 - 4

Ⅰ.①环… Ⅱ.①于… ②李… Ⅲ.①二氧化碳－减量－排气－研究－中国 Ⅳ.①X511

中国版本图书馆 CIP 数据核字（2022）第 251151 号

责任编辑：彭　波　　　　　　　责任印制：史大鹏
责任校对：徐艳丽

环境规制的碳减排作用机理及路径优化研究

HUANJING GUIZHI DE TANJIANPAI ZUOYONG JILI JI LUJING YOUHUA YANJIU

中国财政经济出版社 出版

URL：http://www.cfeph.cn

E - mail：cfeph@cfeph.cn

社址：北京市海淀区阜成路甲 28 号　邮政编码：100142

营销中心电话：010 - 88191522

天猫网店：中国财政经济出版社旗舰店

网址：https://zgczjjcbs.tmall.com

北京财经印刷厂印刷　各地新华书店经销

成品尺寸：170mm×240mm　16 开　12.75 印张　200 000 字

2022 年 12 月第 1 版　2022 年 12 月北京第 1 次印刷

定价：68.00 元

ISBN 978 - 7 - 5223 - 1529 - 4

（图书出现印装问题，本社负责调换，电话：010 - 88190548）

本社质量投诉电话：010 - 88190744

打击盗版举报热线：010 - 88191661　QQ：2242791300

前　言

二氧化碳等温室气体含量增加，导致全球变暖，带来冰川消融、极端气候、粮食减产、海平面上升、物种灭绝等危害，成为全球面临的最严肃的非传统安全问题，严重威胁人类社会的生存和发展。中国作为负责任大国，2020 年提出力争于 2030 年前二氧化碳排放达到峰值，努力争取于 2060 年前实现碳中和，明确了中国"双碳"目标时间路线图。能源驱动型的经济发展模式促使中国成为重要的碳排放国，能源消费量高、以煤为主的能源消费结构，决定了中国碳减排形势严峻，碳减排工作面临巨大压力。考虑到二氧化碳排放具有显著的经济负外部性，制定并实施相关规制政策以调控经济行为进而实现碳减排成为必要，这就要求实施环境规制政策以弥补"市场失灵"。中国环境规制类型多样，要优化环境规制体系、提高环境规制的碳减排效果，前提是摸清环境规制对碳排放的作用机理、作用效果和作用路径。因此，通过不同类型环境规制对碳排放的作用分析，有助于寻求更为有效的碳减排路径，助力"双碳"目标的实现。

本书以环境规制为切入点，借助低碳经济、环境库兹涅茨、环境规制"逐底竞争"与环境规制"逐顶竞争"等思想，界定了"碳排放"及"环境规制"的概念内涵，厘清了环境规制的分类，将环境规制划分为命令控制型环境规制、市场激励型环境规制和自愿参与型环境规制三种类型，选取碳排放绩效作为衡量碳排放的指标，识别并检验了碳排放的影响因素。在此基础上，采用数理推导和理论分析相结合的方式对异质性环境规制影响碳排放的作用机理进行描述，运用统计学方法实证分析异质性环境规制对不同区域碳排放的影响及差异，基于 QCA 方法探寻环境规制的碳减排组态路径，并通过 GA – PSO 混合算法优化 BP 神经网络，构建碳减排路径优化模型，对设定情景进行仿真模拟，明确环境规制的最优碳减排路径。基于实证和仿真结果，提出完善环境规制提升碳排放绩效的政策建议。具体研究内容和结论如下：

（1）碳排放测度及影响因素识别。运用超效率 SBM 模型，对碳排放绩效进行测度，基于元分析，识别检验碳排放的影响因素。结果发现，中国碳排放绩效水平存在显著时空差异性，从整体看，中国碳排放绩效呈现"U"形走势；分区域看，东部地区的碳排放绩效一直处于领先地位，中部地区碳排放绩效值与全国平均碳排放绩效值基本保持一致，西部地区的碳排放绩效值最低。环境规制、经济发展水平、城镇化水平、外商直接投资、产业结构、能源结构和技术创新是碳排放的影响因素，其中，环境规制、经济发展水平对碳排放起显著负向作用；城镇化水平、产业结构、能源结构对碳排放起显著正向作用；而外商直接投资和技术创新对碳排放的作用不确定。

（2）环境规制对碳排放的作用机理分析。运用数理推导方法，分别构建命令控制型环境规制、市场激励型环境规制、自愿参与型环境规制和综合环境规制对碳排放绩效的作用机理模型。结果发现，命令控制型环境规制对碳排放绩效的作用机理为成本倒逼效应和行业壁垒变动；市场激励型环境规制对碳排放绩效的作用机理为成本内化效应和科研集聚效应；自愿参与型环境规制对碳排放绩效的作用机理为外部压力推动和内部成本节约。

（3）环境规制对碳排放的作用效果分析。基于固定效应模型，明确异质性环境规制对不同区域碳排放绩效的作用影响，运用门槛面板模型，探讨环境规制与碳排放绩效之间的非线性关系。结果发现，不同环境规制工具对碳排放绩效作用效果存在显著差异，环境规制对碳排放绩效的提升作用，整体表现为市场激励型环境规制＞命令控制型环境规制＞自愿参与型环境规制；同一环境规制工具对不同区域碳排放绩效作用效果存在差异，东部地区，市场激励型环境规制作用效果最为显著，中部地区，命令控制型环境规制作用效果最为显著，西部地区，市场激励型环境规制作用效果最为显著。环境规制和能源禀赋均存在门槛效应，但在东中西部地区以及全国范围内差异明显，总体表现为环境规制的强度超过一定范围，其对碳排放绩效的促进作用减弱；能源禀赋位于中间位置时，环境规制的碳减排效果最大，能源禀赋过高或过低区域，环境规制提升碳排放绩效水平的效果较弱。

（4）具体环境规制政策对碳排放绩效的冲击效果评估。碳交易机制作为重要的环境规制政策工具，以其为研究对象，是对环境规制碳减排作用效果的完善。运用合成控制法，评估碳交易机制对碳排放绩效的政策冲击，并通过安慰剂检验和 PSM - DID 方法验证结论的稳健性。结果发现，碳交易机制明显提升了试点省市的碳排放绩效水平，引证补充了环境规制对碳排放绩效促进作用的结论。

（5）环境规制的碳减排路径及优化分析。采用 QCA 方法，分析环境规制的碳减排组态路径，基于 GA - PSO - BP 神经网络构建碳减排路径优化模型，通过对 QCA 组态路径进行仿真模拟，得到最优的环境规制碳减排路径。结果发现，环境规制的碳减排路径分别为侧重产业结构自我调节型碳减排路径、侧重能源结构自我调节型碳减排路径、市场完全"失灵"环境下政府调控碳减排路径、供给侧结构性改革政府调控碳减排路径、煤炭资源型地区政府调控碳减排路径五种。不同区域，环境规制碳减排路径的作用效果存在差异。全国和东部地区，路径 4，即供给侧结构性改革政府调控碳减排路径效果最优；中部地区，路径 5，即煤炭资源型地区政府调控碳减排路径效果最优；西部地区，路径 3，即市场完全"失灵"环境下政府调控碳减排路径效果最优。

（6）完善环境规制实现碳减排的政策建议。以环境规制体系和工具作为改善对象，分别进行宏观环境和关键要素设计，提出了异质性环境规制工具优化、提高政策灵活性等措施，同时嵌入了社会、企业和公众等多个角色，共同优化环境规制政策，为实现"双碳"目标提供政策支撑。

完成本书的编写和出版得到了学校及相关领域有关专家的支持和斧正。感谢所有提供支持和帮助的专家、学者。由于受到研究对象和研究方法所限，难免会有疏漏和不足之处，请广大专家、学者和读者宽容，并于此恳切地希望大家不吝批评和指正。

作　者

2022 年 8 月

目　　录

第一章

绪 论

本章首先通过对研究背景和现实问题的把握与分析，提出研究问题；其次，明确本书的研究目的及意义，确定重点研究内容，设计本书的研究思路和技术路线图，选择适宜的研究方法，为环境规制的碳减排效应研究奠定基础。

第一节

立论依据

一、研究背景

（1）全球气候变暖，1.5℃温升约束已达成全球共识。温室气体渐增导致的全球气候变暖严重威胁人类社会的生存和发展。二氧化碳等温室气体含量增加，导致全球变暖，温室效应带来冰川消融、海平面上升，气候带北移，引发极端气候、粮食减产、物种灭绝等问题，成为全球面临的最严肃的非传统安全问题。根据世界气象组织发布的《2020 年全球气候状况报告》，2020 年全球主要温室气体浓度仍在持续上升，全球平均温度较工业化前水平高出约 1.2℃[1]。由于全球气候变暖导致的气候反常和极端天气大幅度增加，2008 年中国南方遭低温雨雪冰冻灾害，缅甸遭受强热带风暴袭击，造成大面积人员伤亡。2021 年，美国、南非和巴西爆发极寒天气、中国河南遭遇罕见极端强降雨。气候变暖使全球面临严峻考验，而人为活动导致的温室气体排放增加是 20 世纪中叶以来全球气候变暖的主要原因之一。因此，各国专家学者为应对碳排放导致的全球气候变化问题开展了大量研究。其中，2014 年，IPCC 第五次评估报告详细分析了全球以及不同区域碳排放导致的升温路径及状态[2]。2015 年，《巴黎协定》提出将全球平均气温较前工业化时期温升幅度控制在 2℃以内，并努力将温度上升幅度限制在 1.5℃以内[3]。2018 年，IPCC 发布了《全球升温 1.5℃特别报告》，再一次明确了将全球温升限制在 1.5℃的重要性，报告指出温升 2℃会对人类产生毁灭性影响，并提出了到 2050 年左右达到"净零"排放的目标和 4 种实现路径[4]，这为全球各国确定了新的锚点和目标，截至 2020 年，全球已有 30 多个国家明确提出了碳中和路线图，1.5℃温升目标已在全球范围达成共识。

（2）中国作为重要的碳排放国，明确提出了"双碳"目标时间路线图。能源驱动型的经济发展模式促使中国成为重要的碳排放国。截至 2019 年，中国能源消费总量高达 48.7 亿吨标准煤，约占世界能源消费总量的 24.3%。虽然中国在碳减排方面的工作取得了一定成绩，能源消费量高、以煤为主的能源消费结构，决定了中国碳减排形势依然严峻。据《BP 世界能源统计年鉴》发布数据，2019 年中国二氧化碳排放量为 98.26 亿吨，约占世界碳排放总量的 28.8%，碳减排工作面临巨大压力。在全球低碳经济发展背景下，中国作为负责任的大国，积极推动碳减排工作，加快碳达峰、碳中和进程。自 2010 年"十一五"期间，中国首次提出节能减排目标，后在"十二五""十三五"期间，坚持践行碳排放总量和强度双控制，中国碳减排工作不断推进，为世界范围内的环境保护工作贡献中国智慧，发挥中国作用。2015 年 6 月，中国向《联合国气候变化框架公约》提交《强化应对气候变化行动——中国国家自主贡献》，提出到 2030 年左右二氧化碳排放达到峰值并争取早日达峰，单位国内生产总值二氧化碳排放比 2005 年下降 60%~65%，非化石能源占一次能源消费比重达到 20%左右。

2020 年，习近平总书记宣布：中国将提高国家自主贡献力度，采取更加有力的政策和措施，二氧化碳排放力争于 2030 年前达到峰值，努力争取于 2060 年前实现碳中和，并提出到 2030 年，中国单位国内生产总值二氧化碳排放将比 2005 年下降 65%以上，非化石能源占一次能源消费比重将达到 25%左右，森林储积量将比 2005 年增加 60 亿立方米，风电、太阳能发电总装机容量将达到 12

亿千瓦以上。这明确了中国碳减排工作的时间路线，为中国低碳转型、经济高质量发展指明了方向、明确了目标，也增强了全球应对气候变化的信心。在此基础上，国家发改委、工信部、生态环境部等多部委密集发声，落实"碳达峰、碳中和"工作。在未来较长时间内，"碳达峰、碳中和"工作将是地方政府重要工作之一。中国已成为全球应对气候变化的重要参与者、贡献者和引领者[5]。

（3）环境规制作为解决气候环境问题的重要手段，已广泛运用于全球各国。自20世纪70年代起，中国相继出台了多项环保政策措施，综合运用了"三同时"制度、环境影响评价、环境行政处罚、环境标准、环境保护目标责任、排污收费制度、排污许可等多种环境规制工具，以改善环境质量，并取得了一定的成效。2000年以后，可持续发展观得到提倡；2005年，国务院颁布《关于落实科学发展观加强环境保护的决定》；2006年，提出将行政、经济、法律、技术手段综合纳入环保措施；2007年，进一步强化激励和约束机制，积极运用价格、财税、金融等激励政策加强环境保护；2008年，环境保护部由全国人大批准设立；2009年，正式实施《循环经济促进法》，为可持续发展奠定了法律基础。"十一五"期间的环境治理工作虽然有了一定进展，但是并未完全实现环境目标；"十二五"规划再次强调环境与经济协调发展，"绿色发展以及建设资源节约型、环境友好型社会"成为国家建设重点，中国政府力图从根本上扭转以牺牲环境、浪费资源为代价的粗放型增长方式；"十三五"规划中明确提出了绿色发展战略，要求提升低碳水平和绿色发展水平，并制定了详细的能源节约和污染物减排目标。截至2020年，中国单位GDP能耗相较于2015年下降14.1%，碳排放量增速不断下降，碳减排工作取得显著成效。因此，进一步建立科学的环境规制体系，采取合理的环境规制强度，提升环境规制碳减排效果是实现"双碳"目标的关键路径和重要保障。

二、问题提出

环境规制是实现碳减排的重要手段，是达成"双碳"目标的必由之路。全球环境问题持续恶化，国际性的环境会议、公约和协定等日益增多，但并没有彻底解决全球变暖问题，气候的恶化迫使政府实施环境规制手段。中国经济处于从高速增长向高质量增长的过渡阶段，"双碳"目标的实现成为经济可持续发展中的重要议题。中国为应对全球气候变化问题，履行大国责任，实现"双碳"目标，出台了一系列环境规制政策。党的十九大报告中指出要实行最严格的生态环境保护制度，"十四五"规划明确指出推动绿色低碳发展，进行绿色技术创新，推进清洁生产，降低碳排放强度，支持有条件的地方率先达到碳排放峰值。而根据世界环境绩效指数的最新排名显示，中国 2020 年世界排名为第 120 位，中国的二氧化碳排放量指标评分仍处于较低水平。考虑到二氧化碳排放具有显著的经济负外部性，制定并实施相关规制政策以调控经济行为进而实现碳减排成为必要，这就要求实施环境规制政策以弥补"市场失灵"。优化环境规制政策体系，提高环境规制的碳减排效果，已成为"双碳"目标实现的重要途径。

中国环境规制类型多样，要优化环境规制体系、提高环境规制的碳减排效果，前提是摸清环境规制对碳排放的作用机理、作用效果和作用路径。因此，本书按照"机理—效果—路径—仿真—建议"的逻辑，依次回答不同环境规制工具的碳减排机理是什么、不同环境规制工具的碳减排效果如何、是否存在区域异质性和门槛效应、环境规制影响碳排放的路径是什么、在不同区域环境规制的碳减排路径效果如何等问题，最终提出优化环境规制、实现碳减排的政策建议。

第二节

研究目的与意义

一、研究目的

（1）明确环境规制对碳排放的作用机理。结合三类环境规制工具的特点，明确环境规制对碳排放的作用机理。

（2）评估环境规制对碳排放绩效的作用效果。在对指标进行测度的基础上，运用固定效应模型、面板门槛模型以及合成控制法实证检验环境规制对碳排放绩效的影响。

（3）提出改善环境规制实现碳减排的政策建议。根据环境规制碳减排路径及其优化分析，对症下药，针对区域特征和发展阶段，提出改善环境规制、实现碳减排的政策建议。

二、研究意义

（一）理论意义

（1）丰富了环境规制理论。综合运用制度经济学、公共经济学、计量经济学、管理学、制度理论、复杂网络等多学科迁移理论与研究方法，多学科交叉探讨环境规制的作用机理、作用效果及作用路径，有助于学科融合，为优化完善环境规制体系提供新的方法和思路。

（2）拓展了环境规制对碳排放影响的维度和深度。通过数理推导的方法，探究了命令控制型环境规制、市场激励型环境规制和自愿参与型环境规制对碳排放的作用机理；运用固定效应模型、面板门槛模型以及合成控制法，验证环境规制对碳排放的影响；并运用QCA方法分析了碳减排的组态路径，深化环境规制对碳排放的系统化研究，扩展了环境规制对碳排放影响研究的维度和深度。

（二）现实意义

（1）有助于完善碳排放领域的环境规制政策体系。通过探究异质性环境规制对不同地区碳排放的影响效应及其区域差异性，为地方政府制定碳减排环境规制政策提供参考，进而指导地方政府根据地区禀赋特征、经济特征等"量身定制"最优环境规制政策。

（2）有助于优化环境规制政策强度。考虑到经济与环境协调发展的重要性，通过探究环境规制工具对不同地区碳排放影响的门槛效应，为合理制定环境规制强度提供借鉴，避免出现"环境规制强度越大，碳减排效果越明显"的误区。

（3）有助于实现"双碳"目标。环境规制是实现"双碳"目标的关键路径和重要手段。本书通过机理分析和路径优化，提出碳减排目标下的环境规制优化方案和政策建议，有助于实现环境规制的碳减排效应最大化，进而能够助推"双碳"目标的实现。

第三节

研究内容

以环境规制为切入点，借助低碳经济、环境库兹涅茨、环境规制"逐底竞争"与环境规制"逐顶竞争"等思想，运用超效率 SBM 模型、元分析、数理推导、面板门槛模型、合成控制法、PSM – DID、QCA 方法和 GA – PSO – BP 神经网络，在对碳排放以及环境规制相关概念进行分析的基础上，构建超效率 SBM 模型测度碳排放绩效，厘清环境规制影响碳排放的作用机理，通过固定效应模型验证环境规制对碳排放绩效的影响，运用面板门槛模型探究环境规制对碳排放绩效的非线性关系，并以碳交易机制为例，基于合成控制法和 PSM – DID，评估具体环境规制政策对碳排放绩效的冲击，通过 QCA 方法明确环境规制的碳减排组态路径，并根据 GA – PSO – BP 神经网络构建碳减排路径优化模型，进一步通过对比不同组态路径的碳减排效果，寻找最优碳减排路径，基于此，提出改善环境规制、提升碳排放绩效的政策建议。具体研究内容如下。

（一）概念界定与理论阐述

结合已有研究，对碳排放相关概念以及环境规制概念进行界定，根据作用方式的不同，将环境规制分为命令控制型、市场激励型和自愿参与型三种。梳理低碳经济理论、环境库茨涅茨曲线、环境规制"逐底竞争"理论与环境规制"逐顶竞争"理论，为全书提供理论依据。

（二）碳排放测度与影响因素识别

运用超效率 SBM 模型，选取资本、有效劳动力、能源消费作为投入指标，GDP 作为期望产出，二氧化碳作为非期望产出，测度碳排放绩效，以此作为衡量碳排放的指标；在此基础上，对测度结果进行时间演变趋势和空间格局变化趋势的分析，全面描述中国碳排放绩效的时空演化特征；结合国内外研究现状，运用元分析，在对相关文献进行检索与筛选、文献编码以及数据处理后，进行异质性检验、发表偏倚分析、主效应分析和敏感性分析，识别碳排放的影响因素，为后面实证研究奠定基础。

（三）环境规制的碳减排作用机理分析

结合环境规制的特点，从微观视角，通过数值推导和理论分析相结合的方式分别阐述三种类型环境规制的作用机理。命令控制型环境规制存在成本倒逼效应和行业壁垒变动；市场激励型环境规制存在成本内化效应、科研集聚效应；自愿参与型环境规制通过外部压力推动和内部成本节约影响碳排放。

（四）环境规制对碳排放影响的实证分析

在模型构建的基础上，运用熵值法，计算命令控制型环境规制、市场激励型环境规制、自愿参与型环境规制以及总体环境规制的强度，并对指标进行描述性统计；通过数据平稳性检验、共线性检验以及模型选择，最终运用固定效应模型回归分析环境规制对碳排放绩效的影响，通过替换变量和工具变量法对结果进行稳健性检验；采用面板门槛模型，探讨当环境规制强度及能源禀赋强度不同时，环境规制与碳排放绩效之间的非线性关系；以碳交易机制为例，运用合成控制法，评估具体环境规制政策对碳排放绩效的影响，并通过安慰剂检验和 PSM - DID 方法对结果进行稳健性检验。

（五）环境规制的碳减排路径及优化分析

采用 QCA 方法，定义结果变量和条件变量，对环境规制的碳减排路径进行必要条件分析、真值表分析和稳健性检验，明确环境规制的碳减排组态路径；在对 BP 神经网络及 GA 算法、PSO 算法、GA – PSO 混合算法进行简要分析的基础上，对比 BP 神经网络、GA – BP 神经网络、PSO – BP 神经网络和 GA – PSO – BP 神经网络模型的预测结果，选取 GA – PSO – BP 神经网络构建碳减排路径优化模型，并基于组态路径进行情景设定，分区域探寻最优碳减排路径。

（六） 完善环境规制实现碳减排的政策建议

立足于中国国情，根据环境规制碳减排的作用机理和作用效果，结合环境规制碳减排路径及优化结果，针对区域特征和发展阶段，从环境规制体系设计和环境规制工具优化两个方面，提出完善环境规制、促进碳排放绩效提升的政策建议。

第四节

研究方法

一、元分析方法

元分析基于现有文献，通过"合并统计量"，增加统计功能，克服单个研究样本量不足的弱点，具有整合现有研究以及分析共性的特点，能够综合考察不同的研究成果，分析其中的差异。本书通过文献检索与筛选、文献编码，确定研究样本，并进行异质性检验、发表偏倚分析、主效应分析以及敏感性分析，识别碳排放的影响因素。

二、面板门槛模型

面板门槛模型研究不同门槛下解释变量对被解释变量的影响，是研究非线性关系常用的方法，每个门槛值代表一个临界点，不同区间内变量间的影响关系不同。本书以环境规制和能源禀赋为门槛变量，探讨环境规制与能源禀赋强度存在差异时，环境规制与碳排放绩效之间的非线性关系。

三、合成控制法

合成控制法根据数据计算最优权重，有效克服双重差分法对控制组选择的主观随意性，同时能够避免出现倾向得分匹配的双重差分法在处理具体协方差时因地区与年份的交错而导致匹配的误差，目前已较为广泛地应用于政策评估领域。本书以碳交易机制为例，运用合成控制法，评估具体环境规制政策对碳排放绩效的冲击效果。

四、QCA 方法

QCA 方法以集合为基础，通过"组态"方法，将"并发因果关系"假设取代了单个因素对结果产生影响的假设，充分考虑了各个影响因素之间关系的复杂性。本书对环境规制的碳减排路径进行必要条件分析、真值表分析和稳健性检验，明确环境规制碳减排的组态路径。

五、GA – PSO – BP 神经网络

GA – PSO – BP 神经网络基于 GA – PSO 混合算法，优化了传统 BP 神经网络，有效结合 GA 算法和 PSO 算法的优点，加速算法的收敛速度，提高了 BP 神经网络性能。本书以 GA – PSO – BP 神经网络构建碳减排路径优化模型，通过对组态路径的情景设定，探寻不同地区最优碳减排路径。

第五节

技术路线图

本书按照"研究现状梳理→碳排放测度与影响因素识别→环境规制对碳排放的作用机理→环境规制影响碳排放的实证分析→环境规制碳减排路径及优化分析→政策建议"的内在逻辑开展研究，如图 1.1 所示。

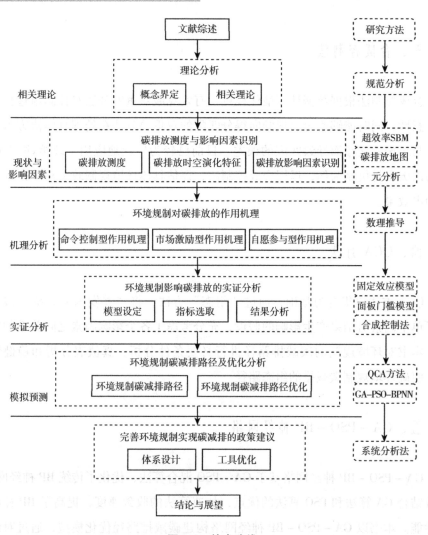

图1.1　技术路线

第六节

主要创新点

第一，基于能源和环境双重约束视角，构建能源禀赋、环境规制对碳排放绩效的面板门槛模型，从中国环境规制强度不同和能源分布不均的现实背景出发，充分考虑环境规制和能源禀赋对碳排放绩效的非线性影响。根据中国能源分布不均衡和政府主导能源市场的现实背景,从环境规制和能源禀赋的视角出发,以不同环境规制强度和能源禀赋强度下环境规制对碳排放绩效的影响为主线,探究利用适宜的环境规制工具激发能源禀赋福利效应,进而提升碳排放绩效水平。

第二,构建碳交易机制对碳排放绩效的政策评估模型,运用准自然实验的思想,衡量碳交易机制对碳排放绩效的政策冲击。选取碳交易机制作为具体环境规制政策,运用合成控制法,把碳交易机制看作政府实施的准自然实验,评估其对碳排放绩效的政策冲击效果,并通过安慰剂检验和 PSM – DID 方法进一步明确结论的有效性,印证、补充和完善了环境规制对碳排放影响的实证结果。

第三,构建碳减排路径优化模型,仿真模拟不同情景下环境规制的碳减排路径作用效果,寻找最优路径。本书以环境规制政策为研究对象,在 QCA 确定环境规制的碳减排组态路径的前提下,基于 GA – PSO – BP 神经网络构建碳减排路径优化模型,并根据情景设定,探寻环境规制的最优碳减排路径。

第二章

国内外研究现状

面对气候问题的日益加剧，碳减排成为国内外研究者关注的重点，而作为实现碳减排重要手段的环境规制，其研究也得到了学界的关注，因此，在低碳经济背景下，环境规制对碳排放的研究至关重要。通过对环境规制和碳排放相关文献的阅读、梳理，本书将按如下脉络进行归纳总结：首先，从环境规制相关研究入手，对环境规制测度方法以及作用效果进行总结归纳；其次，针对碳排放的影响因素研究，归纳总结出影响碳排放的规模因素、结构因素和技术因素；再次，通过影响机理、异质性环境规制作用效果以及环境规制影响的区域差异性三个部分，归纳分析环境规制对碳排放影响的相关文献；最后，对现有文献研究进行述评，结合已有的相关文献，明确本书的研究重点和方向，为环境规制碳减排提供理论基础。

第一节

环境规制相关研究

一、环境规制测度方法

环境规制测度是进行相关研究的基础，而由于环境规制的政策、标准和措施具有多样性，很难对环境规制进行统一的测度。国内外学者根据其研究目的和研究内容，构建出多种测度环境规制方法，总体可分为三类：赋值评分法、单一指标法和综合指数法。具体如下。

（一）赋值评分法

赋值评分法是指根据人为规定的一些标准对环境规制的强度进行赋值。Walter 和 Ugelow（1979）是现有文献中最早尝试对环境规制强度进行衡量的学者，其对环境规制进行 1（最严格）到 7（最宽松）的李克特量表打分，构建了一套序数型环境规制强度指数[6]。Feng 和 Liao（2016）基于上访投诉、污染事件处罚数量、条例法规颁发数量及网络举报等间接对环境规制强度进行测度[7]。国内学者李昭华和蒋冰冰（2009），按照环境规制对出口影响的作用强弱，拓展出纵向赋值法[8]。李钢和刘鹏（2015）根据钢铁行业环境标准变化情况，从高炉、炭化室、污染物、生产能力等八个方面，对环境规制强度进行赋值，计算出了中国钢铁行业 2000～2014 年环境规制强度变化情况[9]。

在环境规制研究初期，由于各国关于环境方面的统计数据还不够完善，因此不少学者都选择利用赋值评分法衡量环境规制强度。但随着各国环境统计数据的不断完善，现阶段使用该方法进行研究的学者不断减少，大多数学者都选择使用定量指标测算法对环境规制强度进行度量。

（二）单一指标法

单一指标法是指选取与环境规制相关的指标直接代表一个国家、地区、行业或个体所承受的环境规制强度，这一方法具有针对性强、便于横向比较等优势。Levinson（1996）基于美国各州有害废弃物处理税率水平的差异，衡量各州环境规制强度[10]。Matthew 等（2009）使用汽油含铅量表示环境政策的严格性，突出了环境政策执行的重要性[11]。Zhao 等（2018）使用工业污染治理与控制支出的比率衡量环境规制的强度[12]。国内学者孔祥利（2010）选用人均工业污染治理投资额表示环境规制强度[13]。张华和魏晓平（2014）采用工业二氧化硫去除率对环境规制强度进行测度[14]。李钢和刘鹏（2015）基于 2000～2014 年钢铁行业环境政策数据（高炉、烧结机、能耗、除尘排污等）测算了钢铁行业环境规制水平[9]。张明和李曼（2017）利用工业污染源治理总投资额与工业增加值的比率作为衡量环境规制强度的指标[15]。蔡乌赶和李青青（2019）使用环境行政处罚案件数作为衡量命令型环境规制强度的指标[16]。陶静和胡雪萍（2019）则用污染治理投资费用与 GDP 的比值衡量各地区的环境规制水平[17]。

（三）综合指数法

尽管单一指标定量测算法的针对性强，但每个指标只能反映环境规制的某些方面，容易造成研究结论偏差。因此学者尝试构建环境规制综合指标体系，以期能够更加全面地、综合地反映环境规制整体情况。Dam 和 Scholtens（2012）按照实现的过程，将环境规制分为政策制定、规制管理、环境改善、规制绩效四个维度，利用因子分析法为这四个维度赋权，最终得到综合性环境规制强度[18]。Wang 等（2019）使用经合组织开发的环境政策严格性综合指数来衡量各国的环境规制强度，该综合指数由市场型环境政策和非市场型环境政策组成[19]。国内学者熊艳（2011）基于处理来信数、关停并转迁企业数、已发放许可证企业数等侧面指标测度环境规制强度[20]。秦楠、刘李华等（2018）利用工业废气、废水和废渣三种污染物排放量有关的指标值综合计算各行业的环境规制强度[21]。

熵值法作为综合指数法中的一种，是评价数据离散程度的一种方法。在《信息论》中，信息熵是系统无序程度的度量尺度。指标的信息熵越小，变异系数越大，则该指标的权重越大，对综合评价的影响就越大。该方法利用指标之间的相互关系对指标进行数据处理，排除了主观因素的干扰，更加真实客观。基于此，本书选取熵值法衡量环境规制的强度。

二、环境规制作用效果

环境规制的作用效果主要存在两个假说，即遵循成本假说和"波特"假说。遵循成本假说认为，实施环境规制，增加了企业的生产成本，可能对企业的研发投入产生"挤出"效应。静态分析框架通常假设消费者需求、技术水平、资源配置是固定不变的，企业追求成本最小化，环境规制政策的实施增加企业成本，带来外部性成本的内部化，企业可能通过降低产量水平的方式实现排污量的减少，可能给企业带来负面影响，从而降低企业的竞争力（Gray，2003[22]；袁宝龙，2018[23]）。

"波特"假说由美国管理学家 Michael Porter（1995）提出，他认为环境规制能够刺激企业增加研发投入，促进技术创新，提高企业竞争力[24]。环境规制实施会增加污染企业的生产成本，为了降低污染治理支出，企业会自主进行技术创新和管理创新，改革原有生产工序，寻求清洁生产方式，进而提升企业竞争力，同时技术创新带来的效应弥补了遵循环境规制而付出的成本，产生"创新补偿效应"[25]。Ramanathan 等（2017）考察了环境法规、公司创新和私人可持续性效益之间的关系，提出采用创新的方式应对环境法规，并采取积极措施管理环境绩效，更有利于获得可持续性私人利益[26]。王超等（2021）针对中国重污染行业，运用连续 DID 方法和 S – GMM 方法估计环境规制政策对技术创新的影响机理和效果，认为环境规制对工业行业绿色技术创新的影响存在滞后效应[27]。

环境规制是环境污染治理的重要手段。张泽义和徐宝亮（2017）基于隐性经济视角，认为提高环境规制强度会扩大影子经济产出规模从而间接增加污染排放[28]。王丽霞等（2017）用各地区排污费与工业总产值的比值研究了环境行政管制、环境污染监管和环境经济规制在污染治理中的作用[29]。王书斌和檀菲非（2017）以重污染产业转移视角研究了环境规制约束下的雾霾脱钩效应[30]。斯丽娟和曹昊煜（2020）以排污权交易为研究对象，运用 DID 方法研究了环境规制对污染物排放的影响[31]。雷玉桃等（2021）运用门槛模型验证了城市群经济对环境规制减霾效应的影响，结果表明，城市群经济总量效应作用下，各类环境规制能够减少雾霾污染，城市群经济质量效应作用下，环境规制并没有减少雾霾污染[32]。

环境规制的作用效果存在非线性特征，且具有明显的行业异质性和区域异质性。郭文（2016）分东中西地区研究环境规制的作用，研究发现环境规制对技术创新等经济发展指标的影响具有"U"形或倒"U"形特征，环境规制强度过低或过高，均不利于经济发展指标的进一步提升[33]。工业部门的碳排放量占比大，环境规制对工业行业的碳排放影响也得到学者广泛关注。徐敏燕和左和平（2013）根据污染程度的不同将工业行业划分为轻度、中度和重度污染三类，发现环境规制对不同污染程度的工业产业竞争力的作用效应存在异质性，需要根据当地实际制定不同的环境规制政策[34]。并且学者发现城市规模（史贝贝等，2017[35]）、国别（齐绍洲和徐佳，2018[36]）都会对环境规制的作用效果产生显著影响。吴磊等（2020）通过 Tobit 模型，实证检验了公众自愿型以及市场激励型环境规制对绿色全要素生产率的作用效果短期呈抑制作用，长期呈促进作用[37]。王文寅和刘家（2021）以 HDI 指数为依据进行分区，运用面板门槛模型，发现环境规制与全要素生产率之间呈现非线性关系，存在门槛效应，且因地域不同该门槛效应存在差异[38]。

第二节

碳排放相关研究

通过梳理现有文献可知，碳排放主要受规模因素、结构因素、技术因素三方面影响。其中，规模因素主要包含经济发展水平、城镇化水平和外商直接投资水平三个方面；结构因素主要包含产业结构、能源结构等两个方面；技术因素即为技术创新。具体研究成果综述如下。

一、规模因素

（一）经济发展水平

经济增长与碳排放的关系一直是低碳经济理论的重要研究课题。其中，环境库兹涅茨曲线认为经济增长与碳排放呈倒"U"形趋势，是该研究的重要分析工具和研究结论。从碳排放视角，对二氧化碳库兹涅茨曲线进行了大量研究论证。Galeotti 和 Lanza（2005）以 100 个国家为研究对象，证实了环境库兹涅茨曲线假说[39]。Saboori 等（2012）以马来西亚为研究对象，通过探究人均 GDP 和人均碳排放量之间的关系，得到了相同的结论[40]。国内专家学者同样开展了大量验证性研究，李国志等（2010）以中国 30 个省区市为研究对象，进一步验证了环境库兹涅茨曲线假说[41]。刘海英等（2018）以工业为研究对象，结果显示碳排放环境库兹涅茨曲线假说成立[42]。尹自华等（2021）验证了碳排放强度与电气化水平之间的环境库兹涅茨曲线假设[43]。

经济增长与碳排放关系存在多种假设。例如，Wang（2012）探究了石油消费碳排放与 GDP 之间的关系，发现并不存在明显倒"U"形关系[44]；石琳（2019）年基于城市生活垃圾，进一步检验了 EKC 曲线，结果发现不存在倒"U"形关系，而是显著的正相关关系[45]；许华和王莹（2021）以陕西省为例，研究结果表明 1995～2018 年陕西省经济增长和碳排放量曲线呈倒"N"形，而非倒"U"形[46]。综上所述，经济发展水平显著影响碳排放得到专家学者广泛认可，但其关系有待进一步验证。

（二）城镇化水平

通过梳理现有研究成果发现，城镇化水平是碳排放的重要影响因素，但关于城镇化水平对碳排放的影响效应结论并不统一。

城镇化进程推动能源利用效率的提升，进而对碳排放具有显著抑制作用。武春桃（2015）采用面板数据，实证检验了城镇化水平对农业碳排放的影响，研究发现，城镇化水平的提高整体减少了中国农业碳排放量，但不同城镇化衡量指标对农业碳排放的影响存在一定差异，就业人口的增加是造成农业碳排放下降的最主要因素[47]。牛鸿蕾（2019）研究发现城镇化率提升对碳排放的增长总体呈现出抑制作用，这是由城镇化水平提高带来不同方向作用力相互强化或抵消所致[48]。

城镇化进程促进碳排放增长。王世进（2017）通过影响机理和影响效果的分析，得出新型城镇化的进程促进碳排放的增加，且存在区域异质性[49]；张忠杰等（2020）研究认为，城镇化率的提升会造成人均能源消费碳排放量的增加[50]。王鑫静等（2020）以全球 118 个国家为研究对象，认为城镇化对碳排放效率具有抑制作用[51]。

城镇化进程与碳排放呈非线性关系。唐李伟等（2015）以人均 GDP 为门槛变量，运用动态面板门槛模型探究了城镇化水平对生活碳排放的非线性关系，研究发现，当人均 GDP 不断提高并超过门槛值时，城镇化对碳排放的影响由正向作用变为负向作用[52]。张玉华和张涛（2019）通过实证研究表明，城镇化水平对碳排放的影响通过了双重门槛检验，当城镇化水平较低时，提高城镇化水平有利于实现低碳发展;但当城镇化水平过高,超过第二个门槛值时,城镇化水平的提高将增加碳排放[53]。

(三) 外商直接投资水平

通过梳理相关研究,外商直接投资一般会通过带动当地经济发展、技术溢出效应等影响该地区碳排放水平。

外商直接投资显著抑制碳排放水平。Zarsky(1999)提出"污染光环"假说,认为外商直接投资的增加,有利于东道国学习先进的生产技术、低碳技术和管理经验,促进东道国进行技术创新和清洁生产,进而提升东道国的经济水平,减少碳排放[54]。Antweiler等(2001)完善了该假说,指出发达国家的环境规制更为严格,其低碳技术发展也更为先进,低碳技术会随着外商直接投资的引入进入东道国,提高东道国的污染治理水平[55]。彭红枫和华雨(2018)研究发现中国东部、中部及西部地区外商直接投资均减少了碳排放,但中、西部地区效果不显著[56]。

外商直接投资提高碳排放水平,存在"污染避难所"假说。Walter和Ugelow于1979年首次提出"污染避难所"假说[6]。该假说认为,在开放的经济环境中,各国实施环境规制的强度不同会影响资本流动。通常发达国家环境规制较为严格,而为了招商引资、发展经济,发展中国家的环境规制强度低于发达国家,外资将污染密集型产业从发达国家转移到发展中国家,发展中国家沦为了发达国家的"污染避难所"。高宏伟等(2017)对山西省数据进行实证研究,结果表明外商投资规模、投资结构以及溢出效应,提高了山西省碳排放量[57]。

外商直接投资与碳排放之间存在非线性关系。冉启英等[58](2019)、王晓林等[59](2020)均以城镇化水平为门槛变量,探究了外商直接投资对碳排放的影响,结果显示,外商直接投资对中国碳排放影响具有明显的城市化水平双门槛效应。

二、结构因素

(一) 产业结构

产业结构调整是实现碳减排的关键路径之一。Zhu等(2019)研究认为工业重构是中国碳强度达到并超过"十三五"规划目标的关键因素[60]。Dong 等（2020）研究认为加快产业结构优化调整的强度和速度，是中国碳排放尽快实现碳达峰的关键步骤之一[61]。Wei（2020）采用包括 1997~2015 年期间的 30 个省区市面板数据集研究了中国产业结构升级对碳排放的影响。结果表明，第三产业比重的增加对碳排放具有显著正向作用，而随着第二产业在经济发展中的比重增加，碳排放增加的趋势逐步放缓[62]。Wang（2020）研究发现，在中国的 28 个细分行业中，7 个行业的发展将增加中国的碳强度，而另外 21 个行业的发展将降低国家的碳强度，其中，煤炭在电力行业和热力行业的利用效率提升，将对碳减排具有积极作用[63]。

（二）能源结构

能源结构对碳排放起到重要影响作用。Shafiei 和 Salim（2014）研究表明，化石能源消耗增加了碳排放，而可再生能源消耗能够有效降低碳排放[64]。Zafar 等（2020）研究认为，可再生能源消费对塑造环境质量具有促进作用[65]。Lin 等（2020）研究发现能源结构是碳排放的重要影响因素之一[66]。专家学者形成了较为统一的研究结论，认为能源结构对碳强度降低的贡献率能够达到 30% 以上（王锋和冯根福，2011[67]），能源结构优化是降低碳排放的最有效的路径之一（Zhao and Yang，2019[68]；Wang et al.，2019[69]）。

三、技术因素

根据政府间气候变化专门委员会（IPCC）发布的《IPCC 排放情景特别报告》和历次气候变化评估报告，技术创新作为解决碳减排和气候变化的最重要的因素，其作用显著，因此如何发挥技术创新对碳减排的促进作用至关重要。

技术创新通过提高碳排放效率、降低碳排放强度减少碳排放量。例如，胡中应（2018）以农业为研究对象，提出农业技术创新和农业技术效率对农业碳排放强度有显著的负向影响，技术效率主要通过规模效率起到碳减排作用[70]；韩川（2018）探究了技术创新对工业碳排放的影响，结果显示技术创新可以减少中国工业碳排放，但从东部到中、西部地区，技术创新对工业碳减排的促进作用越来越弱[71]；殷贺等（2020）研究发现，低碳技术进步同时通过降低能源结构碳强度和能源强度推动碳减排[72]。

技术创新存在回弹效应。促使单位生产成本下降，为了追求利润最大化以及弥补促进技术创新而投入的资本，生产者会投入更多的要素来提高产出[73]，碳排放需求上升，反过来又会增加碳排放量，即存在碳排放的回弹效应。杨莉莎等（2019）通过构建宏观反弹效应框架，得出了回弹效应会减弱技术创新碳减排效应的结论[74]。徐德义等（2020）研究认为不同类型的技术创新对碳排放的作用影响不同，部分技术创新存在回弹效应，但抑制碳排放增加的效果更为显著[75]。

第三节
环境规制影响碳排放的相关研究

温室气体的无节制排放是"市场失灵"的重要表现，而政府宏观调控是弥补"市场失灵"的重要手段[76]。因此，在低碳经济发展背景下，为实现"双碳"目标，政府通过一定的环境规制工具引导企业开展低碳技术创新，是实现碳减排的关键路径。为更好地发挥环境规制工具的作用，必须摸清环境规制对碳排放的影响机理、不同环境规制工具的碳减排效应以及环境规制对不同地区的影响差异。因此，专家学者从以上三个方面开展了相关研究，现就以上研究综述如下。

一、环境规制对碳排放的影响机理分析

通过梳理总结现有环境规制对碳排放影响机理相关研究发现，关于环境规制对碳排放的影响机理研究结论可以概括为"倒退效应""倒逼效应"和"综合效应"三类。其中，"倒退效应"是指环境规制不利于企业碳减排，而会通过"遵循成本效应"致使企业碳排放量上升，碳排放绩效下降；"倒逼效应"是指环境规制可以通过提高企业的运行成本，倒逼企业技术创新，通过"创新补偿效应"促使企业提升碳排放绩效水平，实现碳减排目标；"综合效应"是"倒退效应"

"倒逼效应"的一种中和观点,认为环境规制对碳排放的作用效果取决于"倒退效应"和"倒逼效应"的综合影响。

(一) 环境规制对碳排放的"倒退效应"

从微观层面上看,因资金投入不足、研发力量较弱、缺乏科研人员、创新水平低等原因,大量中小型企业会选择末端治理而不是低碳技术创新,进而导致企业生产成本上升,生产效率下降。环境规制强度过大会造企业成本的增长,降低企业竞争力,最终导致企业减产甚至退出市场,从而不利于区域经济的增长。该环境规制以牺牲经济增长为代价,在一定程度上降低了碳排放,但经济发展受到限制,碳排放绩效降低,形成环境规制的"倒退效应"[77-78]。从宏观层面看,环境规制强度过大,无法发挥促进技术创新的作用,可能导致产出减少,进而降低区域经济发展水平,通过牺牲经济增长而实现碳减排的措施是不可取的,亦是不符合低碳经济发展内涵的[79]。在追求 GDP 增长速度的背景下,环境规制可能受到地方政府和企业的排斥,为保证辖区经济增速,部分地方政府可能会降低自己环境规制强度,部分执行环境规制标准,通过与企业合谋保证经济增长速度、避环境规制的约束,出现"逐低竞争"的现象,进而阻碍碳减排目标的实现[80]。徐盈之等 (2015) 研究认为环境规制不仅直接对碳排放产生影响,还通过产业结构这一指标间接影响碳排放[81]。王艳丽和王根济 (2016) 提出,中国工业部门结构变动对碳生产率的提高产生了阻碍作用,西部地区尤为显著[82]。产业结构的调整一般以"保增长、促减排"为目标,但对于部分能源资源型地区和能源密集型产业集聚区,环境规制政策的实施可能会加强"遵循成本效应",增加该地区的碳排放量。根据"绿色悖论"理论,当政府推行环境规制政策时,化石能源生产企业可能会预判未来的环境规制强度逐渐上升,进而选择加快化石能源开发与利用的策略,导致能源利用率下降以及二氧化碳排放增加。例如,蓝虹和王柳元 (2019) 通过实证分析可知,环境规制对碳排放绩效存在双门槛效应,但是目前仍处在"绿色悖论"阶段[83]。田秀杰等 (2020) 研究认为征收资源税对环境的影响表现为"绿色悖论"效应,未能有效地约束资源使用者的行为[84]。

（二）环境规制对碳排放的"倒逼效应"

环境规制对碳排放的"倒逼效应"认为，环境规制强度提高，会直接或间接增加企业的生产成本，倒逼企业进行低碳技术以及管理模式的创新，而技术创新节约的成本可以抵消甚至超过环境规制增加的企业成本，从而推动碳减排目标的实现[85]。环境规制实施过程中，可以通过替代效应对碳排放绩效产生正向影响。替代效应是指环境规制虽然会降低高碳排放、高耗能产品需求下降，但同时会增加与环境相关的机械设备等的投资以及环保中间产品与最终产品的需求，进而促进环保产业的发展，最终促使整体碳排放绩效水平的提升。

（三）环境规制对碳排放的"综合效应"

环境规制对碳排放的影响效应呈现复杂的非线性关系。臧良震等（2013）研究认为环境规制对各省区市碳排放量的影响呈现先增后减的趋势，在最初进行环境污染治理投资时，建设项目工程的过程中会产生碳排放，使碳排放量提升，之后环境规制的减排效应开始发挥作用，并在长期内保持减排趋势[86]。基于此，专家学者综合"倒退效应"和"倒逼效应"提出了中立的观点，认为环境规制在不同行业、不同时期和不同的规制强度下，发挥主导作用的效应因素不同，导致环境规制对碳排放的影响存在差异，既有正面的"补偿效应"，也有负面的"抵消效应"。两者相互作用后得到最终结果，因而对碳排放的影响具有不确定性[87]。

二、异质性环境规制对碳排放的影响研究

在探究环境规制碳减排机理的研究过程中，从环境规制工具类型视角，检验了异质性环境规制的碳减排效应。学界对环境规制类型的划分大体可分为两类：一类是根据实施主体的不同将环境规制划分为正式环境规制和非正式环境规制；另一类是依据环境规制产生约束作用的方式分为命令控制型、市场激励型和自愿参与型（或公众参与型）环境规制。下面分别对不同类型环境规制的碳减排效应研究综述。

正式和非正式规制的碳减排效应。早期环境规制的研究对象为政府主导下的正式环境规制，等同于政府规制，主要依靠政府行政指令对资源使用和环境污染进行管理，以达到环境治理的目的。随着研究的不断深入，国外学者 Pargal 和 Wheeler（1995）首次提出了非正式环境规制的概念，认为非正式规制是指具有较高低碳意识的民众以抗议、谈判、游说等途径影响行业排放的手段。何小刚和张耀辉（2011）以工业为研究对象，发现正式环境规制能够显著降低碳排放强度，而非正式环境规制的回归结果不稳定，除了受高等教育人口比重显著有助于减少碳排放之外，其他变量对行业碳排放并未产生显著影响[88]。李强（2018）以长江经济带为研究对象，探究了正式环境规制和非正式环境规制的减排效应，结果显示正式和非正式环境规制均降低了长江经济带城市环境污染水平，节能减排效果较为明显，但两者对长江上中下游的减排效应存在区域异质性[89]。江心英和赵爽（2019）探究了环境规制调节下 FDI 的碳减排效应，研究结果显示正式环境规制调节下 FDI 对碳排放不存在显著影响；除北京、上海外，其他省区市的非正式环境规制均对 FDI 碳减排效应具有正向调节作用，而北京和上海则表现出了显著的"回弹失灵"现象[90]。张华和冯烽（2020）专门探究了非正式环境规制的碳减排效应，结果显示其有助于降低碳排放水平[91]。

命令控制型、市场激励型和自愿参与型环境规制对碳排放的影响效应。部分专家学者根据此划分类型，探究了异质性环境规制对碳排放的影响效应。许慧（2014）从规制成本、激励作用和规制效果三个方面对命令控制型、激励型和信息披露型环境规制进行比较[92]。王红梅（2016）基于贝叶斯模型平均方法对中国环境规制的三种政策工具进行比较与选择[93]。陈平和罗艳（2019）从碳排放公平视角，提出命令控制型环境规制促进了本地区碳排放公平，但降低了周边地区的碳排放公平性；市场激励型环境规制对本地区和相邻地区碳排放公平都具有明显促进作用；自愿参与型环境规制对地区碳排放公平性影响并不显著[94]。马海良和董书丽（2020）探究了异质性环境规制对碳排放效率的影响，结果显示，命令控制型、市场激励型与综合环境规制与碳排放效率之间的作用影响，经历了先下降后上升的趋势，呈"U"形趋势，即环境规制影响的主导力量由"倒退效应"转变为"倒逼效应"[78]。范丹和孙晓婷（2020）运用动态面板平滑转移模型，检验了命令控制型环境规制和市场激励型环境规制均推动了绿色经济的发展[95]。吴磊等（2020）探究了异质型环境规制对中国绿色全要素生产率的影响，结果显示，公众自愿型以及市场激励型环境规制在短期内对绿色全要素生产率的增长起到负向作用，而长期对绿色全要素生产率的增长起到正向作用，而命令控制型环境规制对绿色全要素生产率的影响效果不明显[37]。吴茵茵等（2021）从市场机制和行政干预的协同视角出发，论证了碳市场机制这一具体市场激励型环境规制工具对碳减排作用的机理和效应[96]。

三、环境规制影响碳排放的区域差异研究

无论是二分法还是三分法，不同类型的环境规制工具碳减排效应存在显著差异。进一步地，专家学者探究了环境规制对不同地区碳排放的影响效应，以求为国家量身制定区域环境规制政策提供理论参考，研究总体可分为两类：一类是环境规制对不同地区碳排放的影响研究；另一类是环境规制对碳排放的空间溢出效应研究。

环境规制对不同地区碳排放的影响存在差异。刘传江等（2015）探究了环境规制对地区碳生产率的区域异质性影响，认为在全国及东、中、西部地区，环境规制与碳生产率之间的关系呈"U"形趋势，即存在碳生产率的库兹涅茨曲线，而现阶段，全国及东、中、西部地区环境规制抑制了碳生产率的提升，处于库兹涅茨曲线的左半部分[97]。李小平等（2016）通过实证比较了环境规制、创新驱动对东中西部地区碳生产率的作用影响，结果表明，东部地区创新驱动对碳生产率的提升作用大于环境规制的影响作用；中西部地区环境规制对碳生产率的提升作用大于创新驱动的影响作用[98]。王馨康等（2018）从直接效应和间接效应两个方面，实证分析了不同类型环境政策对中国区域碳排放的差异化影响，结果显示，东部地区的环境规制政策有效减少了碳排放量，但中部地区的环保补贴政策对碳排放影响不显著，西部地区的排污费制度产生了"绿色悖论"效应，碳排放量增加[99]。于向宇等（2019）运用交互效应模型，证实了环境规制对区域环

境领域"资源诅咒"现象调节作用的存在性,结果显示,能源富集区的能源禀赋水平提升会增加碳排放强度,说明在能源富集区存在环境领域的"资源诅咒"现象,而环境规制能够有效减弱这一效应[100]。马海良和董书丽(2020)研究发现市场激励型环境规制的作用效果在东部地区更为显著,而在中部与西部地区而言,命令控制型环境规制更为有效[78]。张金鑫和王红玲(2020)以农业为研究对象,提出环境规制是农业技术创新对农业碳排放影响中的调节变量,且仅在东部地区通过显著性检验[101]。

环境规制对碳排放的空间溢出效应。张华(2014)基于空间面板模型实证分析了环境规制对碳排放绩效的空间溢出效应,结果显示,在地理和经济相邻地区,分别存在"涓滴效应"和"极化效应"[102]。毛明明等(2016)探究了中国区域碳排放环境规制的溢出效应,本区域的环境规制对相邻地区人均碳排放量的溢出效应高于其对本地区人均碳排放量的直接效应[103]。孙建和柴泽阳(2017)探究了中国区域环境规制"绿色悖论"空间效应,结果显示,环境规制的联合效应可以削弱环境规制变量的"绿色悖论"效应[104]。李珊珊和罗良文(2019)研究发现邻近地区间环境规制与区域碳生产率均存在局部聚集的空间特征,表现为明显的正向溢出效应[105]。郭卫香和孙慧(2020)探究了环境规制对碳要素生产率的空间影响,发现环境规制提升了碳全要素生产率,且本地区环境规制对碳全要素生产率的作用效果大于对其他相邻地区的作用效果[106]。

第四节

文献述评

通过对已有文献的梳理可知,有关环境规制及其对碳排放影响的研究已经取得较为丰富的成果。整体可知,该领域的研究逐渐细化,从线性关系验证逐步发展为工具异质性分析、非线性关系分析和区域差异性分析,为优化环境规制政策、实现碳减排,提供了诸多可借鉴的方法和路径。但是,通过总结现有研究发现,仍存在一些需要深入研究的问题,具体阐述如下。

第一,探究环境规制对碳排放影响效应的相关研究需要进一步丰富。通过梳理文献可知,现有研究主要集中于异质性环境规制的碳减排效应、环境规制对东中西部地区的异质性影响以及环境规制对碳排放的影响机理方面，研究成果对国家差别化制定东中西部地区环境规制提供了政策建议和理论参考。但区域划分主要基于经济发展水平和地理位置，中国能源分布不均衡，各省区市能源禀赋存在巨大差异，环境规制对不同能源禀赋地区碳排放可能产生异质性影响，如果不考虑能源禀赋异质性，可能会影响环境规制政策的实施效果。基于此，本书拟运用面板门槛模型，探究能源禀赋门槛下异质性环境规制对碳排放的非线性影响，以求为国家差别化、全方位制定环境规制政策提供参考。

第二，关于环境规制政策的碳减排效果评估有待进一步拓展。通过梳理有关环境规制政策碳减排效果评估的文献可知，主要运用双重差分法、倾向得分匹配的双重差分法、系统动力学和对比分析法等，但以上方法存在一定不足。其中，系统动力学和对比分析法存在难以剔除其他因素影响的问题；而双重差分法存在控制组选择难以保证绝对满足平行趋势假说的问题；倾向得分匹配的双重差分法克服双重差分法有效选择对照组的问题，但因为省份与年份的交错而易导致匹配出现误差。基于此，本书利用合成控制法评估环境规制政策效果，通过历史数据计算最优权重，最大限度地提高对照组的有效性，克服以上方法存在的问题。进一步地，在全面普及碳交易机制的关口，基于合成控制法评估模型，以碳交易机制为例，探究具体环境规制政策对试点省市碳排放绩效的影响效果，并用倾向得分匹配的双重差分法验证该结论，为推广普及碳交易机制、有效提升中国碳排放绩效水平提供决策依据。

第三，关于环境规制碳减排路径优化方面的研究需要进一步完善。关于环境规制与碳排放的相关研究主要集中在相关性研究、影响机理及路径研究等方面。以上研究成果对于学界、政界了解环境规制的碳减排机理和制定差异化环境规制政策均具有指导和借鉴意义，但有关区域最优的环境规制体系研究较少。考虑到不同因素对碳排放的影响并不独立，它们之间会通过联动匹配产生不同组合影响碳排放绩效。因此，本书运用 QCA 方法，探讨环境规制影响碳排放的组态路径；然后基于 GA – PSO – BP 神经网络构建环境规制的碳减排路径优化仿真模型，确定东中西部地区最优的环境规制碳减排路径。

通过以上分析，本书拟运用超效率 SBM 模型测度碳排放绩效，以此作为衡量碳排放的指标，运用面板门槛模型，探索环境规制、能源禀赋与碳排放绩效的非线性关系，基于合成控制法，以碳交易机制为例，评估具体环境规制政策对碳排放绩效的冲击效果，采用 QCA 方法，揭示环境规制碳减排路径，并基于 GA - PSO - BP 神经网络寻找环境规制碳减排最优路径，为制定环境规制政策，促使碳减排效应最大化，实现"双碳"目标提供决策依据。

第三章

环境规制与碳排放相关理论

根据前面梳理的国内外研究现状以及研究目的，本章从碳排放相关概念界定、环境规制概念界定、相关理论基础三个方面进行分析，以求明晰碳排放和环境规制的内涵、分类，并简要介绍相关理论，为环境规制的碳减排作用机理及其路径优化夯实理论基础。

第一节

碳排放相关概念界定

一、碳排放量内涵

碳排放相关研究的兴起，源自全球变暖概念的提出。首次较正式地提出气候变暖的说法是 1979 年 2 月在日内瓦召开的第一次世界气候大会（FWCC）上，之后美国气象学家于 1988 年 6 月在参众两院的听证会上提出全球变暖的概念，随后专家学者通过实地观察证实了这一结论。为应对全球气候变暖带来的生态环境问题，国际社会在 1992 年制定了《联合国气候变化框架公约》。1997 年 12 月，《联合国气候变化框架公约》第三次缔约方大会在日本京都召开，149 个国家和地区的与会代表达成了《京都议定书》，规定到 2010 年所有发达国家二氧化碳等六种温室气体的排放量比 1990 年减少 5.2%。随后国际社会掀起了关于碳排放相关研究的热潮。

关于碳排放的界定有广义与狭义之分，其中，广义的"碳排放"是指《京都议定书》根据温室气体对全球变暖的贡献、来源、稳定性、易监测程度所限定的六种温室气体（二氧化碳、甲烷、氧化亚氮、氢氟碳化物、全氟化碳、六氟化硫）的排放量。而狭义的"碳排放"是指二氧化碳排放量。考虑到在导致气候变暖的各种温室气体中，二氧化碳是最大"贡献者"，而美国能源信息管理局、世界资源研究所、国际能源署等绝大多数权威研究机构在测算温室气体排放时的研究对象都是二氧化碳的排放量。因此，本书所述碳排放量是指二氧化碳排放量。

二、碳排放绩效内涵

随着专家学者对碳排放研究的不断深入，提出了"以损害经济增长为代价实现碳减排是不可取的"观点。因此，从经济、环境协调发展的视角探索碳排放的衡量指标得到广泛认可。碳排放衡量指标经历了从单个要素指标测度向全要素指标测度的转变。单要素指标一般采用某一要素与碳排放量之间的比率表示，包括碳指数[107]、碳排放强度[108]及碳生产率[109]等。但是单要素指标仅反映了二氧化碳排放和经济产出两者的比例关系，而在实际的生产中，人口规模、能源消费等其他投入要素也对经济产出造成影响[110]。因此，随着数据包络分析（data envelopment analysis，DEA）的不断发展，全要素思想被广泛应用于碳排放测度中，碳排放绩效指标逐渐被专家学者采纳。其中，Fare 等（1989）提出把环境指标作为非期望产出加入传统 DEA 模型中[111]；Zaim 等（2000）在传统 DEA 模型中加入了污染物排放指标，对经济合作与发展组织成员的碳排放绩效进行评价[112]；蓝虹和王柳元（2019）运用 SE – SBM 模型，选取碳排放量作为非期望产出，测算了中国区域碳排放绩效，并分析其驱动效用[113]。通过梳理现有研究，结合本书的研究目的，将碳排放绩效界定为人类在生产生活过程中直接或间接产生的碳排放所带来的经济效益，要求以最少的碳排放量换取最大的经济效益。

三、碳达峰与碳中和内涵

在全球气候变暖以及中国经济转型双重背景下，统筹国际国内两个大局，中国制定了"双碳"目标，即二氧化碳排放力争于2030年前实现碳达峰，努力争取2060年前实现碳中和，体现了负责任的大国形象，对中国经济高质量发展以及构建人类命运共同体都具有重要的现实意义。

根据国家相关文件和专家学者研究结论，碳达峰是指在全球、国家、城市、企业等主体的碳排放在由升转降的过程中，某一时点，二氧化碳排放不再增长，达到峰值，之后逐步回落的碳排放节点。碳达峰的战略目标，侧重于努力减缓二氧化碳的排放速度，有效控制二氧化碳排放规模。

碳中和，也称二氧化碳净零排放，是指与某一主体相关的二氧化碳排放量与二氧化碳清除量相平衡的状态。将全球温升稳定在一个给定的水平上意味着人为排放进入大气的二氧化碳和人为移除的二氧化碳相抵消，也就是"净"温室气体的排放大致下降为零。碳移除包括自然碳循环的去除，如森林管理的林业碳汇，也包括人为去除，如碳捕集利用与封存。碳中和的战略目标，侧重于通过森林、草地、湿地等碳汇载体，碳捕集与封存等技术，以及更加节能、环保的新能源和新工艺，稀释直至抵消人为的二氧化碳排放，实现二氧化碳的"零排放"。

第二节

环境规制概念界定

一、环境规制内涵

美国经济学家Kahn在《制度经济学：原理和制度》中指出"规制实际上是政府命令对竞争的取代，是为了维护良好经济绩效的一种制度安排"，这标志着制度经济学成为一门独立的学科[113]。乔治·斯蒂格勒将规制作为内生变量，利用经济学的供求理论来构建理论体系，并获得了1982年诺贝尔经济学奖。关于规制的定义没有统一定论，一般认为规制是政府采用行政、法律、市场、道德劝说等手段对被规制者的行为进行干预，克服"市场失灵"，使社会福利最大化的一种手段。规制的分类有经济激励、法律工具和信息工具三类，被形象地称为"胡萝卜、大棒、说教"。

环境规制概念起源于规制理论。1992年日本经济学家植草益在借鉴传统的规制经济学理论基础上，将其推及环境管理中，认为规制是为约束特定经济主体和社会人行为，社会公共机构制定的制度规则[114]。此后，规制领域中逐渐增加了"环境"和"生态"等标签。中国学者对环境规制的探讨紧跟国际研究的步伐，潘家华（1993）认为环境规制更强调政府的作用，主要采用非市场手段干预环境资源的配置方向[115]。进入21世纪后，学者拓展思路，认为环境规制是为将环境污染的负外部性内化到企业内部，相关主体采取的调控厂商经济行为的措施，包含相应的环境法律法规、政策制度等（沈芳，2004[116]；李旭颖，2008[117]；张红凤等，2012[118]）。赵敏（2013）基于环境资源的稀缺性、公共物品特性，环境污染的负外部性、环境产权的模糊性和信息不对称性，将环境规制定义为：为了纠正环境污染的负外部性，社会公共机构对微观经济主体实施直接的或间接的规制手段加以约束、干预，通过改变市场资源配置以及企业和消费者的供需决策来内化环境成本，提高经济绩效，从而实现保护环境的新的制度安排[119]。陈璇等（2019）研究得出，在环境规制实施类型不断扩大的同时，相应的环境规制含义也需要不断完善和丰富[120]。苏昕和周升师（2019）认为，当社会公众和相关媒体与污染企业谈判协商时，非正式环境规制是一种解决问题的有效措施，是对政府所提出的正式环境规制的一种有效补充[121]。廖文龙等（2020）从碳排放交易角度，阐述市场型环境规制的经济效应[122]。潘翻番等（2020）从利益相关者理论等视角出发，论述自愿型环境规制的概念，进一步深化环境规制内涵[123]。结合前人的研究成果，本书认为环境规制是以保护环境为目的而制定或形成的有利于环境污染防治的规范性、约束性和指导性规则的总和。

二、环境规制分类

环境规制的分类有多种。根据环境规制实施的主体，可以分为以政府为主导的正式环境规制与公众社会参与的非正式环境规制。按照其他划分标准，环境规制也可分为强型和弱型环境规制[124]、长期和短期环境规制[125]、行政型和市场型环境规制[126、127]、同质性和异质性环境规制[128]、显性规制和隐性规制、障碍式规制和合作式规制[129]及控制—命令型和激励—合作型环境规制[130]。根据目前应用较广的分类方法，把环境规制分为三类：命令控制型环境规制、市场激励型环境规制与自愿参与型环境规制[131]。命令控制型环境规制，主要依靠政府通过设定环保法律、法规等，对破坏环境的主体进行的强制约束[132]。市场激励型环境规制是政府基于"污染者付费"原则设计的，旨在引导企业通过排污税费征收、排污权交易等市场机制手段减少环境污染[133]。自愿型环境规制是一种合作规制模式，行业或企业之间自愿达成一种环境行政合同，来实现行业或企业的环境治理[134]。具体如表3.1所示。

表3.1　　　　　　　　　环境规制分类及特点

类型	具体规制工具	特点
命令控制型环境规制	环保法、水污染防治法、大气污染防治法、部门规章、排污许可证制度、"三同时"制度、环境影响评价、污染物排放标准、技术标准等	企业等经济主体并没有选择权，被迫遵守政府制定的诸如排污标准、技术标准等规定，否则将会受到严厉的处罚。快速带来环境改善，但执行成本大
市场激励型环境规制	环境税（费）、排污权交易、环境补贴、税收优惠、污水处理费、技能减排奖励、差别化收费政策等	政府并不直接干预企业生产决策，只通过调控其面临的市场环境，交给企业自主经营决策。执行成本低，具有激励性和灵活性
自愿参与型环境规制	ISO14000环境认证、生态标签、环境审计、自愿减排协议	强调企业或经济主体的主观能动性，具有灵活性和务实性、信息披露的便利性

注：内容由作者整理所得。

（一）命令控制型环境规制

命令控制型环境规制，主要依靠政府通过设定环保法律、法规等，对破坏环境的主体进行的强制约束。企业等主体必须遵守政府规定，如污染物排污标准、技术标准等，没有选择权，否则将受到严厉处罚，其重点强调规制工具的强制性和惩戒性。命令控制型环境规制通常能够带来快速的环境改善，但其政策执行成本太大，无法提供长期的动态监督。命令控制型环境规制工具包括"三同时"制度、环境影响评价制度、限期治理制度、总量控制制度、排污许可证制度、环境保护标准体系等。

（二）市场激励型环境规制

市场激励型环境规制是政府基于"污染者付费"原则设计的，旨在引导企业通过排污税费征收、排污权交易等市场机制手段减少环境污染。在实施市场激励型环境规制过程中，政府不会直接干预企业的生产决策，而是通过规范其面临的市场环境，将经营决策权交给企业。市场激励型环境规制给予企业等经济主体一定的自由选择权，该环境规制遵从市场机制，执行成本较低，更为强调规制工具的激励性和灵活性。市场激励型环境规制工具主要包括环境税费制度、排污权交易制度等。

（三）自愿参与型环境规制

自愿参与型环境规制，来源于公众的环保意识，并不是政府强加的，不具备强制执行力。当经济主体造成的环境污染威胁到公众健康时，公众自觉行使环境监督权利和公民诉讼权利，监督政府和环保违法者清除环境危害。自愿参与型环境规制实施依赖于公众的环保意识，其主要强调规制工具的自愿性，环保意识越强，该环境规制执行效果越好。自愿参与型环境规制工具主要包括环境听证制度、宣传教育、环境信访、自愿性环境协议、环境标志和绿色消费等公众参与和信息公开制度等。

中国环境规制体系建设从无到有、从简到繁，不断取得新的进展。通过对环境规制关键政策的梳理，结合分类标准，对政策所属环境规制类型进行划分，结果如图3.1所示。

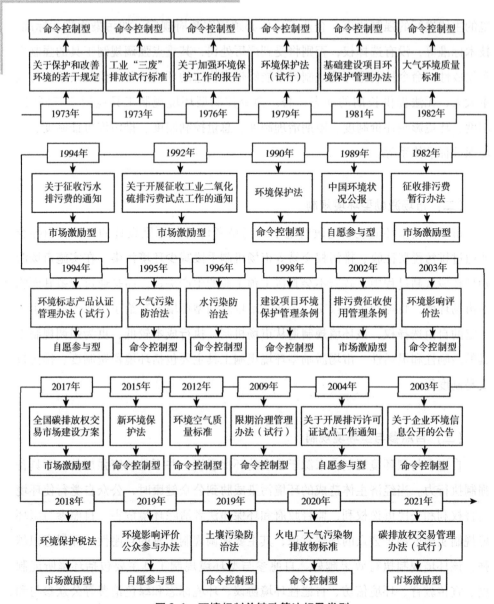

图 3.1 环境规制关键政策法规及类别

第三节

相关理论

市场机制在环境领域的配置"失灵",如环境污染的负外部性、环境资源的公共性、环境产权不明晰性（模糊性）、经济主体的有限理性以及信息不完全，客观上要求政府对环境问题加以干预、进行规制，因此，公共物品理论、外部性理论、产权理论、经济主体有限理性理论以及不完全信息理论成为政府环境规制的理论依据。环境规制是为弥补市场缺陷而采取的必要措施，有关经济发展与环境污染、环境规制之间关系，逐步形成了低碳经济、环境库茨涅茨、遵循成本假说和波特假说、"污染光环"假说和"污染避难所"假说、环境规制"逐底竞争"与环境规制"逐顶竞争"等理论。

一、低碳经济理论

英国时任首相布莱尔于 2003 年 2 月发布《能源的未来：创建低碳经济》的白皮书，首次提出了"低碳经济"。其具体含义为通过多种方式减少碳排放，发展以低能耗、低排放、低污染为特征的经济模式，将大气温度维持在合理区间范围内，为子孙后代降低发展成本。中国环境与发展国际合作委员会报告指出，低碳经济是后工业化社会出现的一种经济形态，其目的为降低温室气体排放，促使温室气体含量达到合理水平，以防止气候变暖的负面影响发生，并最终确保可持续的全球居住环境。

二、环境库兹涅茨理论

美国经济学家西蒙·库兹涅茨在对收入差距的研究中发现，收入差距随着经济增长呈现先逐渐增大、后逐渐缩小的趋势，即两者之间呈现倒"U"形关系，该曲线被称为库兹涅茨曲线（KC）。环境库兹涅茨曲线理论是在库兹涅茨曲线基础上发展起来的，由美国经济学家 Grossman 和 Krueger（1995）最先提出，在经济发展过程中，环境也同样存在先恶化后改善的情况[135]。一个国家环境污染的程度当在其经济发展处于低水平时较轻，但是随着人均收入增加，环境污染程度会不断加剧；当人均收入达到某个临界点或"拐点"以后，环境污染随着人均收入的进一步增加而呈现降低趋势，环境质量逐渐得到改善，整体呈现倒"U"

形，该曲线被称为环境库兹涅茨曲线（EKC）。

三、遵循成本假说和波特假说

在传统静态分析框架下，通常假设技术、消费者需求、资源配置都是不变的，企业选择成本最小化的资源配置行为。因此，环境规制政策的实施会带来外部性成本内部化，增加企业成本，降低产业水平实现排污量的减少，并可能给受约束企业的创新和竞争力提升带来负面影响[136-137]。遵循成本假说，环境规制政策实施可能会增加企业成本，碳减排投入挤占了用于技术创新的资本投入，从而阻碍企业技术进步，不利于生产效率、竞争力的提高。而波特打破了新古典静态分析框架，认为环境规制政策能够刺激企业自主创新，提高企业竞争力[138]。这类政策的实施会增加污染企业生产成本，为了降低污染治理支出，企业会对原有生产工序进行改革，寻求具有长期竞争优势的清洁生产方式，这种约束作用促使企业创新，不仅使企业提高了竞争力，还弥补了其为遵循环境规制而付出的成本，产生"创新补偿效应"[139]。

四、"污染光环"假说与"污染避难所"假说

Zarsky（1999）提出"污染光环"假说，该假说认为外商直接投资的流入对东道国产生了积极的技术溢出效应和管理经验的示范效应，从而推动东道国进行技术革新和清洁生产，有利于东道国经济的提升[140]。Antweiler 等（2001）完善了该假说，指出发达国家的环境规制标准较东道国更为严格，因此发达国家的治污技术也更为先进，伴随外资流入先进的生产技术和治污技术也会在东道国溢出，从而提升东道国绿色经济效率。也有部分学者持反对意见，支持"污染避难所"假说[141]。该假说认为，在开放经济中，由于各国环境规制力度的不同，资本流动会受到国家间环境规制水平差异的影响。通常发达国家面临更为严格的环境规制，而发展中国家为了招商引资、发展经济而降低环境规制标准，因此外资倾向于将污染密集型产业转移到发展中国家，从而发展中国家沦为了发达国家的"污染避难所"。

五、环境规制"逐底竞争"理论与环境规制"逐顶竞争"理论

在环境规制关系中，中央政府是主要的法规与标准的制定者，地方政府是具体执行环境规制的主体。环境规制"逐底竞争"一般指地方政府在受到晋升考核标准的政治利益和地区经济增长的经济利益双重约束下，为了扩大外资规模，出于自身利益最大化的考虑，可能会放松环境规制，无视生态环境的承受力，纷纷降低环境规制水平，以减少企业的污染治理成本来竞相吸引外资，从而引发环境标准的普遍下降。环境规制"逐顶竞争"是指国家（地区）间为了保护本国生态环境和资源，而竞相制定较为严格的环境规制标准。

第四节

本章小结

本章对碳排放相关概念进行界定，包括碳排放量、碳排放绩效、碳达峰、碳中和概念。阐述了环境规制内涵，根据作用方式的不同，将环境规制分为命令控制型、市场激励型和自愿参与型三种。在此基础上，对相关理论进行概述，包括低碳经济、环境库兹涅茨、遵循成本假说和波特假说、"污染光环"假说和"污染避难所"假说、环境规制"逐底竞争"与环境规制"逐顶竞争"等理论，为后面环境规制的碳减排作用机理、作用效果及路径优化研究奠定理论基础。

第四章

碳排放测度与影响因素识别

　　本章在第一章国内外研究现状和第二章相关理论分析的基础上，对碳排放进行测度并识别其影响因素。运用超效率 SBM 模型，选取资本、有效劳动力、能源消费作为投入指标，GDP 作为期望产出，二氧化碳作为非期望产出，计算碳排放绩效，作为碳排放测度指标，并对碳排放绩效进行时空演化特征分析，全面描绘中国碳排放现状，通过元分析明确碳排放的影响因素。具体框架如图 4.1 所示。

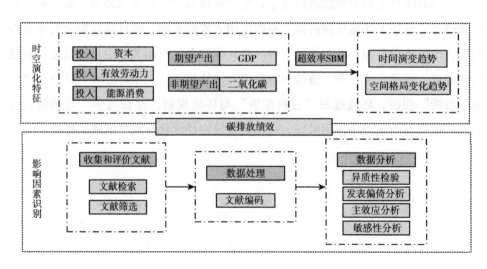

图4.1　碳排放测度及影响因素识别研究框架

第一节

碳 排 放 测 度

一、碳 排 放 量

自 2003 年英国能源白皮书《能源的未来：创建低碳经济》发布后，以"低能耗、低污染、低排放"为基础的绿色低碳经济迅速成为全球关注的热点。在全球持续变暖、环境恶化的背景下，各国采取了一系列措施"补绿色短板"。二氧化碳排放量无法从统计年鉴中直接获取，在国际上没有通用的检测体系，而准确的碳排放量数据是制定政策的基准，对"双碳"目标的实现至关重要。

（一）碳排放量测算方法

政府间气候变化专门委员会（The Intergovernment Panel on Climate Change，IPCC）自 1988 年成立以来，专注研究碳排放相关领域问题，并于 1996 年发布首份温室气体清单指南，为世界碳排放研究提供了重要的参考。《2006 年 IPCC 国家温室气体清单指南》中提供了碳排放系数法，即根据能源消费量数据及其碳排放因子计算碳排放量[142]，极大地简化了碳排放量的计算过程，具体方法如下：

$$C_i = \sum_j E_{ij} \times \eta_j = \sum_j E_{ij} \times NCV_j \times CEF_j \times COF_j \times \frac{44}{12}, i = 1, \cdots, 30 \quad (4.1)$$

其中，C_i 代表第 i 省的碳排放量，η_j 为第 j 种能源的碳排放因子，E_{ij} 是第 i 省第 j 种能源的消费量；NCV_j 表示能源的净发热值，CEF_j 为第 j 种能源的单位热值的含碳量，COF_j 为碳氧化率，44 为二氧化碳分子量，12 为碳的分子量。

IPCC 指南提供了各类能源的碳排放系数，中国根据实际国情编制了《省级温室气体清单编制指南》，为中国碳排放核算提供了参考。结合《综合能耗计算通则》，得到具体参数如表 4.1 所示。其中，净发热量来自《综合能耗计算通则》（GB/T 2589 - 2020），含碳量、碳氧化率和碳排放系数来自《省级温室气体清单编制指南》。

表 4.1		各类能源的碳排放系数		
能源名称	净发热量 kJ/kg 或 kJ/m³	含碳量 kg/GJ	碳氧化率 %	碳排放系数 kg/kg 或 kg/ m³
原煤	20908	26.37	94	1.90
洗精煤	26344	27.40	94	2.49
其他洗煤	10454	27.40	94	0.99
型煤	17761	33.60	90	1.97
焦炭	28435	29.50	93	2.86
焦炉煤气	16726	12.10	98	0.73
其他煤气	15054	12.10	98	0.65
原油	41816	20.10	98	3.02
燃料油	41816	21.10	98	3.17
汽油	43070	18.90	98	2.93
煤油	43070	19.60	98	3.03
柴油	42652	20.20	98	3.10
液化石油气	50179	17.20	99	3.13
炼厂干气	45998	18.20	98	3.01
天然气	38931	15.30	99	2.16

资料来源：根据《综合能耗计算通则》和《省级温室气体清单编制指南》整理所得。

为了更加贴合中国实际，在中国科学院战略先导专项"应对气候变化碳收支认证及相关科学问题"等多个科研基金支持下，自 2011 年起，哈佛大学、中国科学院等多个国际研究机构的研究人员开展基于实测的中国碳排放核算工作[143]。考虑到中国能源消费以煤为主，燃煤锅炉类型和技术水平的差异导致煤炭燃烧效率参差不齐。中国超大型企业的燃煤锅炉燃烧效率已经接近完全氧化，而中小企业的锅炉燃烧效率则相对较低，差异较大。西方发达国家的能源消费以石油为主，品质相对稳定，燃烧效率高且稳定。中国能源消费和碳排放系统的特点决定了中国的碳排放测算具有中国特性。刘竹、关大博等构建的中国碳核算数据库，在收集了覆盖所有煤矿基地和矿区的 4232 个煤矿产量、储量、运营及开采数据的基础上，探索适用于中国国情的碳排放核算方法，系统估算中国在各种类型碳产量加权条件下的国家平均碳排放因子，并计算中国碳排放量，该研究创建了中国碳核算数据库，发布了中国碳排放清单。本书使用中国碳核算数据库发布的数

据衡量碳排放量,具体计算过程如下[144]:

第一,通过生产端数据,重新核算中国能源消费量:

$$EC_{ij} = PEC_{ij} + IP_{ij} - EP_{ij} - CT_{ij} \quad\quad (4.2)$$

其中,EC_{ij} 表示 i 省 j 种能源消费量,PEC 表示一次能源生产量,IP 表示一次能源进口量,EP 表示一次能源出口量,CT 表示能源库存量。利用该方法计算能源消费量,充分考虑不同种类、种质以及来源的能源产生碳排放量的差异,方便下一步碳排放因子的计算。

第二,研究采集中国各种能源样品 20000 余组,分析 15000 余组,基于能源样本数据,核算不同种类能源以及相同种类不同种质能源的净热值、含碳量、灰分、硫分、有机分以及水分等,进而确定新的碳排放因子。通过能源消费量与碳排放因子的乘积得到中国碳排放量数据。

(二)碳排放量特征分析

从全国层面看,如图 4.2 所示,全国 GDP 呈增长趋势,碳排放量 2014 年前呈增加趋势,2014 年后呈波动式变化,2018 年较 2017 年减少了 103748.22 万吨碳排放量,这说明"十三五"规划期间中国转变经济发展方式,建设资源节约性、环境友好型社会取得了一定的成果。同时随着中国经济发展进入新常态,经济增速放缓,碳排放量出现明显波动,中国碳排放量已进入平台期,GDP 与碳排

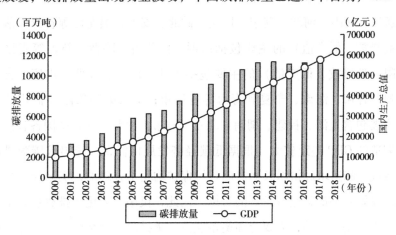

图 4.2　2000~2018 年全国碳排放量和国内生产总值变化趋势

放量整体呈现出脱钩态势。为进一步摸清各省区市碳排放量与 GDP 之间的关系，本书以 2000~2018 年各省区市碳排放量年度均值作为横坐标，各省区市 GDP 年度均值作为纵坐标，坐标原点取碳排放量和 GDP 的中位数，绘制区域碳排放量与 GDP 象限分布图，如图 4.3 所示。

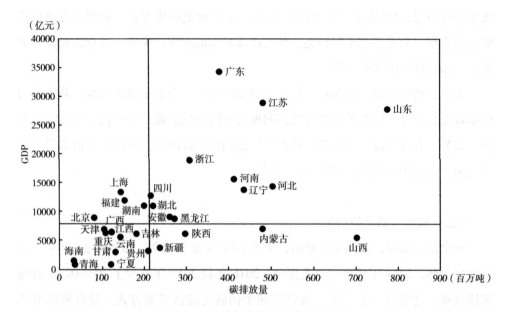

图 4.3　区域碳排放量与 GDP 象限分布

由图 4.3 可知，落入第一象限（高排放、高产值）的主要包括广东、江苏、山东、浙江、河南、河北、辽宁、四川、湖北、安徽、黑龙江等省份；落入第二象限（高排放、低产值）的主要包括山西、内蒙古、陕西、新疆等省区；落入第三象限（低排放、低产值）的主要包括天津、广西、江西、重庆、吉林、云南、贵州、甘肃、海南、宁夏和青海等省区市；落入第四象限（低排放、高产值）的主要包含上海、福建、湖南和北京等省市。由此可知，中国各省区市同等碳排放创造的 GDP 差距较大。根据低碳经济发展内涵，一味追求碳减排而忽略经济发展或一味追求经济增长而忽略环境保护均是不合理的，实现经济环境的协调可持续发展才是低碳经济发展的目标。因此，仅用二氧化碳排放量表征国家或地区的碳排放是片面的，需要全面衡量经济、碳排放、社会、技术等综合因素的指标来表征碳排放。

二、碳 排 放 绩 效

　　结合本书的研究目的，碳排放绩效的内涵概念引入了全要素思想，更加符合低碳经济发展的理念与目标，较为全面地衡量经济、社会、能源、技术与碳排放等综合因素，因此本书选用碳排放绩效来表征全国和地区的碳排放水平。

（一）碳排放绩效测算方法

　　数据包络分析（Data Envelopment Analysis，DEA）是一种非参数技术效率分析方法，1978 年由美国的 Charnes，Cooper 和 Rhodes[145] 三人首次提出。其核心思想是基于多个投入产出量的决策单元，把其中一个投入产出点投射到空间范围内，以最小投入或最大产出作为有效面，即生产前沿面，计算其他点与生产前沿面之间的离差，落在生产前沿面上的点是效率有效的，没有落在上面的点效率不完全。经典的 DEA 模型包括两种：CCR 模型和 BCC 模型。

　　鉴于 Farrell（1957）[146] 的效率测度思想，经典 DEA 模型都是基于径向的、角度的思路，但这类模型对无效率程度的测度只包含所有投入或产出等比例变化的比率，导致这类模型有所缺陷。对于无效决策单元的测度，除了等比例改进的部分外，还包括松弛改进的部分，即对松弛变量的测度。经典 DEA 模型的思想是要求投入必须尽可能地缩减而产出必须尽可能地扩大，以最小的投入得到最大的产出。但在实际过程中，一些生产过程带有明显的副产品，该产出不是期望得到的，称为"非期望产出"。只有非期望产出达到最小化才能实现效率最佳。且经典 DEA 模型决策单元的效率值最大为 1，存在多个决策单元有效的情况，无法比较这些决策单元的效率大小。超效率思想将决策单元从参考集中剔除，使有效决策单元的超效率值大于等于 1，进而可以对决策单元进行排序区分。Tone（2001）[147] 在 DEA 模型基础上，考虑投入和产出的松弛变量问题，提出了基于松弛变量的非径向、非角度的效率评价模型，并提出了考虑非期望产出的超效率 SBM 模型（Slack Based Measure，SBM）。具体模型公式如下：

$$\min\rho_{SE} = \frac{1 + \dfrac{1}{m}\sum\limits_{i=1}^{m}\dfrac{s_i^-}{x_{ik}}}{1 - \dfrac{1}{q_1+q_2}\left(\sum\limits_{r=1}^{q_1}\dfrac{s_r^{g+}}{y_{rk}^g} + \sum\limits_{r=1}^{q_2}\dfrac{s_r^{b-}}{y_{rk}^b}\right)} \qquad (4.3)$$

$$\text{s. t.} \sum_{j=1,j\neq k}^{n} x_{ij}\lambda_j - s_i^- \leqslant x_{ik}$$

$$\sum_{j=1,j\neq k}^{n} y_{rj}\lambda_j + s_r^{g+} \geqslant y_{rk}^g$$

$$\sum_{j=1,j\neq k}^{n} y_{tj}^b - s_t^{b-} \leqslant y_{tk}^b$$

$$1 - \frac{1}{q_1+q_2}\left(\sum_{r=1}^{q_1}\frac{s_r^g}{y_{rk}^g} + \sum_{r=1}^{q_2}\frac{s_r^b}{y_{rk}^b}\right) > 0$$

$$s^-, s^b, s^g, \lambda > 0; i = 1,2,\cdots,m; r = 1,2,\cdots,q; j = 1,2,\cdots,n(j \neq k)$$

其中，$(x_{ik}, y_{rk}^g, y_{rk}^b)$ 是决策单元的投入产出向量，其中投入、期望与非期望产出 $x > 0$，$y^g > 0$，$y^b > 0$，λ 是权重向量，x_{ij} 表示第 j 个决策单元的 i 项投入，y_{rj} 表示第 j 个决策单元的 r 项产出，$(s_i^-, s_r^{g+}, s_r^{b-})$ 是投入产出的松弛向量。当且仅当 ρ 值大于等于 1 时，该决策单元有效。否则，为无效决策单元，投入产出关系有待进一步改进。

包含非期望产出的超效率 SBM 模型，既考虑了期望产出，又考虑了非期望产出，且测量了松弛变量，解决了多个决策单元有效时的排序问题，综合考量经济发展水平与二氧化碳排放量之间的关系，更能真实反映碳排放水平。因此，本书选择考虑非期望产出的超效率 SBM 模型进行碳排放绩效的测度研究。

（二）碳排放绩效指标选取与数据来源

碳排放绩效的测算基于省域多投入多产出数据。考虑数据的可得性与完整性，本书选取 2000 ~ 2018 年中国 30 个省区市作为研究样本，不包括港澳台和西藏。参考刘军航等[148]和李焱等[149]的做法，结合本书的研究目的，选取资本、有效劳动力、能源为投入指标，GDP 为期望产出指标，二氧化碳排放量为非期望产出指标，测度碳排放绩效。

（1）资本投入。本书以资本存量作为资本投入指标。目前，在估算资本存量时，国内学者通常使用的是 Goldsmith 于 1951 年开创的永续盘存法（PIM），有代表性的估算方法由张军（2007）[150] 和单豪杰（2008）[151] 等人提出，运用永续盘存法计算基本存量的公式如下：

$$K_{it} = K_{it-1}(1 - \delta) + I_{it} \tag{4.4}$$

其中，K_{it} 为第 i 个省第 t 年的资本存量，K_{it-1} 为第 i 省上一年的资本存量，δ 为固定资产折旧率，I_{it} 为第 i 省第 t 年的实际固定资产投资额。本书借鉴单豪杰的做法，采用固定资本形成总额作为当年的投资指标，折旧率设定为 10.96%，数据来源于《中国固定资产投资统计年鉴》。为了与 GDP 数据统一口径，将测算结果换算成以 2000 年为基期的不变价格，从而得到中国 30 个省区市 2000～2018 年的资本存量。

（2）有效劳动力投入。就业人数指标仅从劳动力的绝对数量来体现劳动力投入，而有效劳动力充分考虑了劳动力的质量，更能贴合实际的劳动力产出情况，其计算公式如下：

$$E_{it} = \sum_{j=1}^{5} edu_{it,j} \times \frac{P_{it,j}}{P_{it}} \tag{4.5}$$

$$L_{it} = \frac{E_{it}}{E_t} \times P_{it} \tag{4.6}$$

其中，E_{it} 表示第 i 个省第 t 年的人均受教育年限，$edu_{it,j}$ 第 i 个省第 t 年的第 j 种受教育程度的年限，j 代表了 5 种受教育程度，未上小学、小学、初中、高中、大专及以上，考虑到未上小学人员会进行一定的专业培训，将其受教育年限定为 3 年、6 年、9 年、12 年和 16 年；$P_{it,j}$ 表示第 i 个省第 t 年的第 j 种受教育程度的就业人数；P_{it} 为第 i 个省第 t 年的就业人数。L_{it} 表示有效劳动力，E_t 为全国人均受教育年限。数据来源于《中国人口统计年鉴》和《中国劳动统计年鉴》。

（3）能源投入。本书选用能源消费量作为能源投入指标，能源种类繁多，单位不统一，为了方便对能源消费情况进行分析，根据《综合能耗计算通则》（GB2589－2008T），把一次能源折算成统一的标准煤，单位为万吨标准煤。能源消费量来源于《中国能源统计年鉴》。

（4）期望产出。本书选用实际 GDP 数据作为期望产出指标，以 2000 年为基期对名义 GDP 数据进行平减处理，转化为实际 GDP，剔除物价变动的影响。

GDP 数据来源于《中国统计年鉴》。

（5）非期望产出。本书选用二氧化碳排放量作为非期望产出，数据来源于中国碳核算数据库。

第二节

碳排放时空演化特征

通过前面对碳排放绩效测度方法的分析，选取 2000~2018 年中国 30 个省区市的数据，构建包含非期望产出的超效率 SBM 模型，运用 MAXDEA7.0 软件进行测算，得到中国碳排放绩效值。本节对碳排放绩效的时间演变趋势和空间格局变化趋势进行分析。

一、碳排放绩效的时间演变趋势

本书根据碳排放绩效测度结果绘制了分区域碳排放绩效变化趋势图，如图 4.4 所示。从整体看，中国碳排放绩效整体呈 "U" 形趋势，经历了先下降再上升的趋势，2011 年为拐点，2011 年前，碳排放绩效呈现下降趋势，2011 年后，碳排放绩效逐步上升。这可能因为 2000~2011 年，中国经济发展迅速，主要依靠高

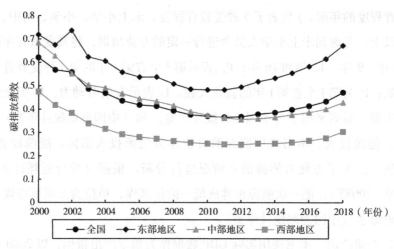

图 4.4　2000~2018 年全国碳排放绩效变化趋势

耗能产业的不断扩大，能源驱动型的经济发展模型促使中国的碳排放量急速增加，相对于经济发展效应，其牺牲的环境效应更为突出，致使碳排放绩效逐年降低。2012 年后，"十二五"规划逐渐发挥作用，转变经济发展方式，综合运用调整产业结构和能源结构、节约能源和提高能效等多种手段，有效控制温室气体排放，促使碳排放绩效逐步提升。

由于碳排放绩效考虑了期望产出，其含义为人类在生产生活过程中引致的碳排放所带来的相应效益，而环境库兹涅茨曲线表示的人均收入与环境污染程度的关系，因此碳排放绩效呈"U"形趋势，符合环境规制库兹涅茨曲线理论。

分区域看，碳排放绩效区域差异明显。东部地区的碳排放绩效一直处于领先地位，大幅高于中西部地区，其原因为东部地区经济发展水平较高，技术水平较为先进，高耗能高污染产业较少。而东部地区碳排放绩效呈"U"形走势，拐点为 2011 年，且 2011 年后，增幅明显，这是由于"十二五"规划实施后，东部地区技术革新快，产业结构调整较为迅速，环境效益得到一定程度的改善。其中，2002 年，东部地区的碳排放绩效相对其他年份有明显增长，这可能是因为 2001 年中国加入世贸组织（WTO），对外贸易规模迅速扩大，东部地区由于地理位置优越，出口企业发展迅速，出口产品主要以机电产品、服装、纺织纱线织物及制品、鞋类为主，相对应的碳排放量较少，但带来的经济效应十分明显，进而促使碳排放绩效有了较高程度的提升，随着对外开放水平的不断加深，外资投入增加，由于"污染避难所"效应，高污染、高耗能产业转移到中国，在提升经济发展水平的同时，增加了碳排放量，进而导致 2003 年的碳排放绩效呈现下降趋势。

中部地区碳排放绩效值与全国平均碳排放绩效值基本保持一致，并于 2011 年后，逐步低于全国平均水平，这是由于中部地区的能源密集型产业占比高，经济发展水平落后于东部地区导致的，而中部地区的拐点在 2012 年，落后于全国平均水平和东部地区，这可能由中部地区经济发展水平低于东部地区且经济发展主要依靠高污染、高能耗产业所致。

西部地区的碳排放绩效值最低，一直位于低端位置，其原因为西部地区处于经济发展起步阶段，技术创新水平较落后，同等二氧化碳排放量所产生的 GDP

较少，而西部地区的拐点发生在 2012 年，且增幅较小，这主要与西部地区经济发展水平相关。

2011 年后，东部地区与中西部地区差距逐渐拉大，可能的原因是东部地区产业转型效果明显，中西部地区存在"污染避难所"效应，致使东部地区的碳排放绩效提升速率高于中西部地区。

为进一步对比各省区市在不同时期碳排放绩效变化趋势及特征，根据 30 个省区市碳排放绩效测度结果，分别计算各省区市在"十五""十一五""十二五"和"十三五"时期的碳排放绩效均值，如表 4.2 所示。

表 4.2 　　　　　　　　　中国五年规划时期碳排放绩效平均值

区域	省份	"十五" (2001~2005 年)	"十一五" (2006~2010 年)	"十二五" (2011~2015 年)	"十三五" (2016~2018 年)
东部地区	北京	0.3629	0.4051	0.5224	0.8315
	天津	0.5017	0.4277	0.4930	0.6466
	河北	0.3949	0.3264	0.3056	0.3272
	辽宁	0.8899	0.4556	0.3869	0.4200
	上海	0.5431	0.5965	0.7237	0.9768
	江苏	0.6572	0.5234	0.5111	0.6120
	浙江	0.5663	0.4177	0.4750	0.5625
	福建	0.8972	0.6655	0.5365	0.6097
	山东	0.5142	0.3962	0.3965	0.4490
	广东	0.9265	0.9719	0.9756	1.0487
	海南	0.7795	0.4262	0.3560	0.3689
	平均值	0.6394	0.5102	0.5166	0.6230
中部地区	山西	0.3262	0.2301	0.1914	0.2085
	吉林	0.4765	0.2889	0.2974	0.3771
	黑龙江	0.6684	0.6724	0.4475	0.4522
	安徽	0.4892	0.4205	0.3798	0.4045
	江西	0.6262	0.3797	0.3948	0.4332
	河南	0.5218	0.3463	0.3022	0.3471
	湖北	0.4803	0.4875	0.4952	0.5580
	湖南	0.6368	0.4679	0.4013	0.4612
	平均值	0.5282	0.4117	0.3637	0.4052

续表

区域	省份	"十五" (2001~2005年)	"十一五" (2006~2010年)	"十二五" (2011~2015年)	"十三五" (2016~2018年)
西部地区	内蒙古	0.4970	0.2534	0.2366	0.2708
	广西	0.5428	0.3610	0.2928	0.3303
	重庆	0.3605	0.2902	0.3505	0.4769
	四川	0.4501	0.3876	0.3980	0.4809
	贵州	0.2297	0.2151	0.2066	0.2081
	云南	0.3817	0.2850	0.2598	0.2738
	陕西	0.2895	0.2435	0.2466	0.2861
	甘肃	0.3460	0.2757	0.2535	0.2659
	青海	0.2125	0.2000	0.1757	0.1685
	宁夏	0.2584	0.1512	0.1313	0.1269
	新疆	0.2762	0.2530	0.2249	0.2084
	平均值	0.3495	0.2651	0.2524	0.2815

注：数据由作者计算整理所得。

对于东部地区，"十五""十一五""十二五"以及"十三五"期间的平均碳排放绩效值分别为0.6394、0.5102、0.5166和0.6230；北京、上海、广东的碳排放绩效一直呈现上升趋势，天津、浙江、山东碳排放绩效拐点出现在"十一五"时期，河北、辽宁、江苏、福建和海南碳排放绩效拐点出现在"十二五"时期。

对于中部地区，"十五""十一五""十二五"以及"十三五"期间的平均碳排放绩效值分别为0.5282、0.4117、0.3637和0.4052；湖北的碳排放绩效一直呈现上升趋势，吉林、江西、湖北碳排放绩效拐点出现在"十一五"时期，山西、黑龙江、安徽、河南、湖南碳排放绩效拐点出现在"十二五"时期。

对于西部地区，"十五""十一五""十二五"以及"十三五"期间的平均碳排放绩效值分别为0.3495、0.2651、0.2524和0.2815；青海、宁夏和新疆碳排放绩效一直呈下降趋势，重庆、四川和陕西碳排放绩效拐点出现在"十一五"时期，内蒙古、广西、贵州、云南、甘肃的碳排放绩效拐点出现在"十二五"时期。

各省区市出现拐点的时间略有不同，这是由当地经济发展水平、产业结构、能源禀赋等多种因素共同作用所导致的。

二、碳排放绩效的空间格局变化趋势

限于篇幅问题，仅在表 4.3 中报告了部分年份 30 个省区市碳排放绩效值，碳排放绩效的全部测算结果见附录 1。

从整体看，中国平均碳排放绩效值为 0.4380，小于 1，属于低效区，表明中国多数省区市的碳排放绩效具有较大提升空间。截至 2018 年，全国仅有北京、上海和广东 3 个省市碳排放绩效值达到 1，属于效率有效。其余 27 个省区市均属于低效率区，其中，天津、江苏、浙江、福建、湖北和重庆 6 个省市的碳排放绩效值在 0.5 ~ 1 之间；河北、山西、内蒙古、辽宁、吉林、黑龙江、安徽、江西、山东、河南、湖南、广西、海南、四川、贵州、云南、陕西、甘肃、青海、宁夏和新疆 21 个省区市的碳绩效值在 0.5 以下。从个体看，2000 年，碳排放绩效值最大的前五个省区市依次为内蒙古、江西、辽宁、广东和福建，碳排放绩效值均大于 1；截至 2018 年，碳排放绩效值最大的前五个省市变为北京、广东、上海、天津和江苏，达到效率有效的省区市数减少，各省区市之间的碳排放绩效值差距加大。

表 4.3 中国各省区市碳排放绩效值

年份	2000	2006	2012	2018	平均值
北京	0.3531	0.3892	0.4749	1.1034	0.4894
天津	0.5947	0.4207	0.4582	0.6720	0.5077
河北	0.4178	0.3635	0.3018	0.3230	0.3439
山西	0.4075	0.2561	0.1961	0.2491	0.2511
内蒙古	1.0749	0.2714	0.2355	0.2997	0.3591
辽宁	1.0295	0.6057	0.3738	0.4407	0.5764
吉林	0.6222	0.3184	0.2824	0.4313	0.3720
黑龙江	0.6192	0.7504	0.4503	0.4814	0.5746
上海	0.5467	0.5600	0.6850	1.0721	0.6733
江苏	0.8190	0.5567	0.4832	0.6265	0.5849

续表

年份	2000	2006	2012	2018	平均值
浙江	0.8501	0.4038	0.4565	0.6007	0.5175
安徽	0.5958	0.4467	0.3763	0.4094	0.4346
福建	1.0068	0.7759	0.5163	0.5920	0.7017
江西	1.0347	0.3971	0.3877	0.4386	0.4915
山东	0.6081	0.4241	0.3756	0.4647	0.4468
河南	0.7125	0.4187	0.2942	0.3671	0.4003
湖北	0.4839	0.4739	0.4800	0.5835	0.4986
湖南	1.0029	0.4973	0.3788	0.4739	0.5219
广东	1.0137	0.9261	0.9573	1.0923	0.9753
广西	0.6846	0.4239	0.2778	0.3431	0.4031
海南	0.6672	0.4834	0.3586	0.3999	0.5043
重庆	0.4698	0.2857	0.3181	0.5469	0.3635
四川	0.5271	0.4298	0.3862	0.4857	0.4289
贵州	0.2580	0.2165	0.2087	0.2255	0.2179
云南	0.4766	0.2932	0.2558	0.2878	0.3121
陕西	0.3610	0.2500	0.2386	0.3410	0.2693
甘肃	0.3921	0.3012	0.2558	0.2892	0.2929
青海	0.2403	0.1993	0.1829	0.1719	0.1940
宁夏	0.4068	0.1604	0.1352	0.1364	0.1838
新疆	0.3350	0.2507	0.2354	0.2102	0.2490
平均值	0.6204	0.4183	0.3672	0.4720	0.4380

注：考虑篇幅原因，仅列举了部分数据，数据由作者计算整理所得。

为了更直观地观测省区市之间的碳排放绩效差值，分别绘制 2000 年、2006 年、2012 年和 2018 年的全国碳排放绩效地图（考虑布局原因，本书未展示地图，如有需要，可联系作者。）。2000 年，中国各省区市之间的碳排放绩效差异较小，且碳排放绩效值大于 1 的省区市较多；随着时间的推移，到 2012 年，中国各省区市之间碳排放绩效差异逐渐拉大，仅有广东省碳排放绩效值大于 1，主要原因可能是 2000~2012 年，中国经济高速发展，省区市间经济发展差距不断拉大，东西部地区产业结构不断异化，碳排放绩效前沿面不断前移，导致发展速度相对落后、高耗能产业比重过大的省区市距离碳排放绩效前沿面的距离不断增加。而截至 2018 年，中国各省区市之间的碳排放绩效差异相对缩小，阶梯状分布更为均衡，北京、上海碳排放绩效水平达到有效水平，主要原因可能是 2012 年后，中国推动供给侧结构性改革，通过技术创新提升生产力，中西部地区高耗能产业开始转型升级，导致各省区市碳排放绩效全面提升。

第三节

基于元分析的碳排放影响因素识别

根据第一章文献综述中碳排放影响因素的分析可知，环境规制、经济发展水平、城镇化水平、外商直接投资、产业结构、能源结构和技术创新等是影响碳排放的指标因素。基于此，本节运用元分析方法，通过对文献的进一步筛选汇总，对碳排放的影响因素进行识别验证。

一、元分析研究方法

元分析（Meta – analysis），也叫荟萃分析，来源于 Fisher 的"合并 P 值"的思想。1976 年，心理学家 Glass 将其思想发展为"合并统计量"，并对元分析概念进行阐述，定义为"对以往研究结果进行系统定量综合的统计学方法"[152]。元分析作为科学总结已有成果的研究方法，因其具有整合现有研究以及分析共性的特点，被广泛应用到综合性研究中[153]。元分析通过增加统计功能，克服单个研究样本量不足的弱点，提高结论的准确性；设计严密，综合考察不同的研究成果，分析其中的差异；能够解决独立研究所不能解决的问题[154]。因此，本书选用元分析识别检验碳排放的影响因素。遵循 Lipsey 等[155]的分析步骤进行元分析，从程序的规范性进一步确保研究结论的可信性。

（一）文献检索与筛选

充分的文献检索能够最大限度地提高研究的可信性和完整性。本书在中国知网（CNKI）、万方、维普数据库中，通过关键词和主题检索获取目标文献，以"碳排放""CO_2排放""碳减排"主题词与"影响因素""影响""驱动因素"

"路径"为检索词进行组配检索，在 Web of Science、Baidu Scholar、EBSCO、Scopus 数据库中，以"Carbon emission""Carbon emission reduction"与"Influencing factors""Driving factors""Action path"为检索词进行组配检索。利用上述检索条件，截至 2021 年 6 月 30 日，共检索到 8797 篇相关文献。

针对收集到的上述 8797 篇文献，按照如下标准进行筛选与剔除：（1）必须是实证研究，剔除模拟仿真分析、影响因素分解、案例研究、文献综述等研究成果；（2）必须是以碳排放影响因素为研究对象，剔除隐含碳排放、交通碳排放等研究成果；（3）文献中必须包括中国碳排放与其影响因素的"回归系数""样本量""t 值""P 值"或"标准误"等元分析所需的关键数据。（4）剔除相对描述不清、变量设计缺乏合理性的文献，对同一研究结论进行核对，剔除分阶段、重复发表的情况。由于不同文献的表述存在差异，因此反复对照内涵和称谓，提取出相同内涵但不同称谓的效应值，确保将相同效应值正确归类。经过筛选，本书最终纳入 29 篇独立实证文献。

（二）文献编码

对纳入元分析的文献进行描述项和效应值的整理与编码，提取所需数据，包括作者、发表年份、文献来源等描述性信息以及样本量、效应值信息。详细的编码信息见表 4.4。

表 4.4　　　　　　　　　文献编码

序号	作者	年份	文献来源	样本量	效应值类型
1	李子豪[156]	2011	科学学研究	270	β
2	李错[157]	2011	经济研究	356	β
3	田泽永[158]	2015	科技管理研究	390	β
4	孙金彦[159]	2016	城市问题	180	β
5	张艳[160]	2016	安徽财经大学硕士学位论文	450	β
6	张兵兵[161]	2017	科研管理	481	β
7	黄鲜华[162]	2018	科技进步与对策	209	β
8	于向宇[100]	2019	中国人口·资源与环境	377	β
9	邓玉如[163]	2019	北京化工大学硕士学位论文	540	β

续表

序号	作者	年份	文献来源	样本量	效应值类型
10	邵帅[164]	2019	管理世界	660	β
11	谢波[165]	2019	技术经济	420	β
12	潘婷[166]	2019	华南理工大学硕士学位论文	480	β
13	孙丽文[167]	2020	技术经济	300	β
14	杨杰煜[168]	2020	成都理工大学硕士学位论文	360	β
15	丁茜[169]	2020	浙江工商大学硕士学位论文	522	β
16	路正南[170]	2020	统计与决策	390	β
17	丁斐[171]	2020	中国地质大学学报	4230	β
18	任晓松[172]	2020	中国人口·资源与环境	793	β
19	李静然[173]	2020	新疆大学硕士学位论文	570	β
20	张华[174]	2020	经济与管理研究	3699	β
21	陈冠宇[175]	2020	暨南大学硕士学位论文	270	β
22	殷贺[72]	2020	管理现代化	360	β
23	朱欢[176]	2020	经济与管理研究	1943	β
24	陈瑶[177]	2021	经济问题	330	β
25	Yu Pei[178]	2019	Journal of Cleaner Production	330	β
26	Wei Zhang[179]	2019	Journal of Cleaner Production	270	β
27	Xiaomeng Zhao[180]	2020	Energy Economics	480	β
28	Haitao Wu[181]	2020	Resources Policy	300	β
29	Cenjie Liu[182]	2020	Journal of Cleaner Production	630	β

注：数据来源于相关文献的整理，表中仅列出第一作者，文献的先后顺序不代表任何意义。

二、异质性检验

异质性检验是元分析的重要步骤，用于检验和判断纳入的文献是否具有同质性。异质性分析主要包括 Q 值和 I^2 值检验。Q 值表示不同纳入研究之间的观测变异，由表4.5可知，影响因素的 Q 值均超过效应值，且 P 值小于 0.0010，结果显著，因此认为研究所选的文献数据具有高度的异质性。此外，I^2 表示效应量总变异中异质性所占比重，I^2 大于 40%，表示文献研究具有异质性，I^2 大于 50%，则表示具有较大异质性，超过 75% 则存在不可忽略的异质性。外商直接投资变

量的 I^2 为 70.67%，具有较高异质性，其余变量均大于 75%，因此纳入研究的实证样本是异质的。基于此，采用随机效应模型进行分析。

表 4.5　　　　　　　　　异质性检验及发表偏倚检验结果

影响因素	效应值数	样本量	Q 值	P_Q 值	I^2 值	Begg 检验 P 值	Egger 检验 P 值
环境规制	23	9964	475.1716	0.0001	94.95%	0.1712	0.0001
经济发展水平	33	18901	3107.2664	0.0001	98.97%	0.6781	0.9483
城镇化水平	19	10399	278.8597	0.0001	93.55%	0.4893	0.0001
外商直接投资	32	16704	105.7079	0.0001	70.67%	0.1402	0.0003
产业结构	29	17245	506.0690	0.0001	94.47%	0.1394	0.0001
能源结构	13	3542	740.1015	0.0001	98.24%	0.7650	0.8788
技术创新	24	6270	406.0305	0.0001	94.34%	0.2431	0.0603

注：数据由作者计算整理所得。

三、发表偏倚分析

研究表明，报告高效应值的研究比报告低效应值的研究更容易发表，也更容易被纳入元分析中，这可能会造成样本选择偏误[183]。通过 Begg 检验和 Egger 检验对发表偏倚进行判断，当 P 值大于 0.05，表明无明显发表偏倚，当 P 值小于等于 0.05，则表明存在一定的发表偏倚，Egger 检验更为敏感，当两者结果矛盾时，优先考虑 Egger 检验结果。如表 4.5 所示，经济发展水平、能源结构和技术创新的 Begg 检验和 Egger 检验的 P 值均大于 0.05，表示不存在发表偏倚；环境规制、城镇化水平、外商直接投资、产业结构的 Egger 检验 P 值小于 0.05，存在一定的发表偏倚。通过剪补法进行校正，具体结果如图 4.5 所示。

漏斗图可直观地进行发表偏倚的判断，如代表纳入研究的点在漏斗图中分布较为对称，则发表偏倚情况理想，可初步判断本书的研究不受发表偏倚影响；反之，研究受发表偏倚的影响较大，元分析结果不稳定。经济发展水平、能源结构和技术创新的漏斗图均为实心圆，表示研究的真实值。样本分布于平均效益的两侧，进一步验证了这些变量不存在明显的发表偏倚问题。而图中空心圆表示填补的缺失文献，环境规制、城镇化水平、外商直接投资、产业结构经过了校正，缺

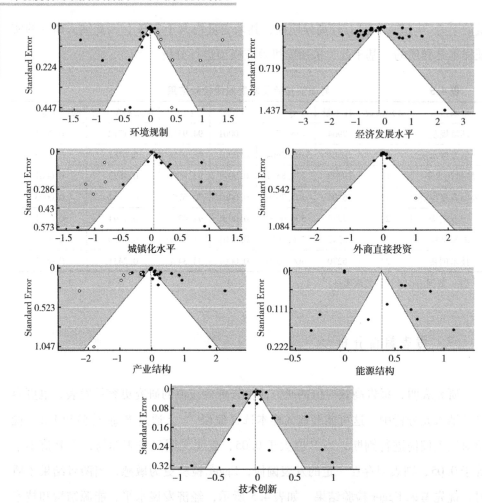

图 4.5 碳排放影响因素漏斗图

失的研究数分别为 7、5、1 和 7,环境规制变量和外商直接投资变量缺失的研究集中在漏斗图右侧,城镇化水平变量和产业结构变量缺失的研究集中在漏斗图左侧。

四、主效应分析

通过异质性分析可知,对文献数据均采用随机效应模型进行元分析,结果如表 4.6 所示,点估计为最终的合并效应值,95% 的区间估计是效应值可能的取值范围。根据元分析，如果置信区间经过无效线，则自变量对因变量的作用影响无法判断，可能为负，可能为正，也可能为0。环境规制对碳排放的作用效果显著为负，说明环境规制强度的增加可以减少碳排放量；经济发展水平对碳排放产生了显著的负向影响，经济发展水平的提升会减少碳排放，这表明中国转变经济发展方式取得了一定成绩，牺牲环境换取经济增长的方式已经得到改善；城镇化水平对碳排放的作用效果显著为正，说明城镇化水平的提高会增加碳排放，城镇化过程中基础建设引致碳排放增加；外商直接投资的置信区间经过了无效线，说明外商直接投资对碳排放的影响不确定，"污染光环"与"污染避难所"有待进一步验证；产业结构（第二产业占比）和能源结构对碳排放起显著正向作用，说明产业结构和能源结构的提升促进碳排放增加，第二产业和煤炭消费是引致碳排放的主要原因之一；技术创新的置信区间经过了无效线，说明技术创新对碳排放的影响不确定，反弹效应可能会与碳减排效应相互抵消，具体情况有待进一步验证。

表 4.6　　　　　　　　　　碳排放影响因素元分析结果

影响因素	模型	效应值数	样本量	点估计	标准误	95% 置信区间		双尾检验	
						下限	上限	Z 值	P 值
环境规制	随机效应	23	9964	− 0.0359	0.0114	− 0.0582	− 0.0137	− 3.1635	0.0016
经济发展水平	随机效应	33	18901	− 0.2169	0.0459	− 0.3069	− 0.1268	− 4.7207	0.0001
城镇化水平	随机效应	19	10399	0.0669	0.0119	0.0435	0.0902	5.6109	0.0001
外商直接投资	随机效应	32	16704	− 0.0026	0.0034	− 0.0092	0.0041	− 0.7616	0.4463
产业结构	随机效应	29	17245	0.0214	0.0081	0.0055	0.0372	2.6348	0.0084
能源结构	随机效应	13	3542	0.3552	0.0374	0.2819	0.4285	9.4976	0.0001
技术创新	随机效应	24	6270	− 0.0210	0.0259	− 0.0717	0.0297	− 0.8127	0.4164

注：数据由作者计算整理所得。

虽然元分析结果显示环境规制对碳排放的作用影响仅为 − 0.0359，并不是效果最为显著的，但随着"双碳"目标的提出，碳减排任务紧迫性加剧，国家对碳排放的行政干预不断增强，相较于其他影响因素，环境规制是最直接作用于碳排放的影响因素，因此研究环境规制对碳排放的作用机理、作用影响及作用路径，可以为政府制定实施环境规制政策提供方法借鉴和理论指导。

五、敏感性分析

在效应量整合过程中，可能由于某些研究结果差异较大而导致模型整体估计偏误，即样本选择偏差，因此，需要对研究进行敏感性分析，验证研究整体的稳健性。采用 Wallace 等的处理方法，通过逐一剔除单个效应量对其余效应量整合，观察结果的差异性，以检验是否存在"极端样本"。因为存在的变量较多，限于篇幅，仅列举了环境规制一个变量，其余影响因素变量的敏感性分析结果见附录2。由表 4.7 可知，敏感性分析对环境规制变量的显著性、效应量、置信区间以及异质性的影响作用较小，由此可知，碳排放影响因素的元分析结果稳健，可信度高。

表 4.7　　　　　　　　　环境规制变量敏感性分析结果

点估计	标准误	P 值	95% 置信区间		Q 值	I²
			下限	上限		
− 0.0335	0.0118	0.0045	− 0.0566	− 0.0104	456.8813	95.4036
− 0.0365	0.0120	0.0023	− 0.0599	− 0.0130	463.0335	95.4647
− 0.0356	0.0118	0.0025	− 0.0588	− 0.0125	462.0393	95.4549
− 0.0366	0.0118	0.0018	− 0.0597	− 0.0136	463.2543	95.4669
− 0.0417	0.0122	0.0006	− 0.0657	− 0.0177	458.7802	95.4226
− 0.0352	0.0117	0.0027	− 0.0582	− 0.0122	459.1674	95.4265
− 0.0431	0.0117	0.0002	− 0.0660	− 0.0201	411.6194	94.8982
− 0.0317	0.0119	0.0075	− 0.0550	− 0.0085	449.3895	95.3270
− 0.0405	0.0122	0.0009	− 0.0643	− 0.0167	462.9473	95.4638
− 0.0416	0.0121	0.0006	− 0.0653	− 0.0178	459.8408	95.4332
− 0.0413	0.0121	0.0007	− 0.0650	− 0.0175	460.9341	95.4440
− 0.0403	0.0120	0.0008	− 0.0639	− 0.0167	462.7793	95.4622
− 0.0396	0.0123	0.0012	− 0.0636	− 0.0156	463.9943	95.4741
− 0.0323	0.0115	0.0050	− 0.0548	− 0.0097	438.7340	95.2135
− 0.0521	0.0148	0.0004	− 0.0810	− 0.0232	464.0289	95.4744
− 0.0437	0.0130	0.0008	− 0.0691	− 0.0182	463.9739	95.4739
− 0.0438	0.0131	0.0008	− 0.0695	− 0.0181	463.7177	95.4714

续表

点估计	标准误	P 值	95% 置信区间		Q 值	I^2
			下限	上限		
−0.0497	0.0142	0.0005	−0.0776	−0.0218	463.5288	95.4695
−0.0387	0.0123	0.0017	−0.0629	−0.0145	460.3711	95.4385
−0.0385	0.0123	0.0017	−0.0625	−0.0145	462.2273	95.4568
−0.0341	0.0119	0.0041	−0.0573	−0.0108	458.6839	95.4217
−0.0376	0.0123	0.0022	−0.0617	−0.0135	452.7564	95.3617
−0.0323	0.0171	0.0089	−0.0773	−0.0126	443.9405	95.4106

注：数据由作者计算整理所得。

第四节

本章小结

　　本章运用超效率 SBM 模型测度碳排放绩效，并对碳排放绩效进行时空演化特征分析。最后，运用元分析识别检验碳排放的影响因素。研究发现：（1）从整体看，中国碳排放绩效呈现"U"形走势，经历了先下降再上升的趋势；（2）分区域看，碳排放绩效区域差异明显。东部地区的碳排放绩效一直处于领先地位，中部地区碳排放绩效值与全国平均碳排放绩效值基本保持一致，西部地区碳排放绩效值最低；（3）环境规制、经济发展水平、城镇化水平、外商直接投资、产业结构、能源结构和技术创新是碳排放的影响因素，其中，环境规制、经济发展水平对碳排放起显著负向作用，城镇化水平、产业结构、能源结构对碳排放起显著正向作用，而外商直接投资和技术创新对碳排放的作用不确定，有待进一步验证。

第五章

环境规制的碳减排作用机理

通过前面对中国环境规制政策演化分析可知，命令控制型环境规制是政府保护生态环境的核心手段，其次为市场激励型环境规制，随着中国市场经济不断发展，市场激励型环境规制强度和广度正在不断提升和扩大，而自愿参与型环境规制虽然得到一定发展，但总体作用效果较弱。在"双碳"目标下，环境规制是实现碳减排的关键路径之一，而摸清不同环境规制对中国碳排放水平的作用机理，是合理制定环境规制政策、科学利用环境规制工具的基础。本章从理论视角分析回答以上问题，以求为政府部门完善环境规制体系、提升环境规制的碳减排效果提供参考。

第一节

命令控制型环境规制的碳减排作用机理

在完全竞争的市场机制下，利益最大化是经济主体追求的核心目标，导致经济主体容易忽略环境保护，产生破坏环境、损害社会公众利益的行为，进而出现资源配置低效或无效的"市场失灵"现象。而命令控制型环境规制是基于以上原理，通过政府宏观调控克服"市场失灵"的手段之一。根据前面对命令控制型环境规制内涵的界定，命令控制型环境规制主要通过设定碳排放相关的法律、法规、政策等，对企业的碳排放水平设定强制约束和标准，最终达到碳减排的目的。在命令控制型环境规制下，企业等经济主体没有选择权，必须遵守政府制定的碳排放标准，否则将会受到罚款、停业整顿甚至退出等严厉处罚，企业为达到规制标准，必须增加资金投入购买环保设备、雇用科研技术人员、提高管理水平，这一资金投入是企业对环境规制付出的"遵从成本"，由于"成本倒逼"效应，企业会通过提高技术和管理水平、更新设备等手段，降低碳排放水平。同时，命令控制型环境规制会显著提高行业准入壁垒，降低行业退出壁垒，进而提升了行业内企业的垄断利润，促使行业内企业更有动力提高减排标准，降低碳排放水平。综上所述，命令控制型环境规制主要通过"成本倒逼"效应和行业壁垒变动影响碳排放水平，其具体作用机理分析如下。

一、成本倒逼效应

企业碳排放的产生主要基于生产活动，命令控制型环境规制通过对企业生产活动的强制性干预进而影响其碳排放绩效水平。假设在竞争性市场中有 N 个行业，每个行业拥有 M 个企业，每个企业均以利益最大化作为企业生产活动决策的参考依据。本书假设各行业竞争性市场完全符合供需理论，即各行业的产品供给量和价格是呈负相关关系的，满足价格公式 $P = a - bq$，其中，P 为市场产品价格，q 为该行业产品供给总量。在命令控制型环境规制作用下，企业可能选择通过技术创新等手段推动实现碳减排以达到国家强制性排放标准；也可能选择接受因排放超标带来的罚款成本。为简化推导过程，本书设定行业中仅有 2 个企业，即 $M = 2$，分别用企业 1 和企业 2 表示。其中，企业 1 通过提升技术管理手段进而提高碳排放绩效水平，以达到国家的强制性排放标准，假设企业 1 的碳减排量为 e，参考颜建军等[184]（2016）的设定，将碳减排成本设为 $\frac{1}{2}ke^2$，其中，k 为技术创新系数，技术创新水平越高，k 值越小，也就是减排成本越低；考虑到本书主要探究环境规制对碳排放绩效的影响，设 k 为碳排放绩效的倒数，即 $k = \frac{1}{\alpha}$，α 表示碳排放绩效。碳排放绩效的提升需要设备更新与技术引进，本书将企业 1 提升碳排放绩效所付出的一次性成本记为 Q_1。企业 2 保持原有生产行为，接受因超额排放带来的罚款，设罚款成本为 βLr，其中 β 表示企业因达不到排放标准而被政府部门查处的概率，其与政府监管力度呈正相关，若要提升 β 值，必须提升政府执行成本，这也是限制命令控制型环境规制碳减排效果的关键所在。L

则表示超额排放单位二氧化碳所受处罚成本；r表示超额排放的二氧化碳量，在假定情况下，r＝e。

根据以上假设，假定企业1和企业2的产品原始生产成本均为c，则在命令型环境规制环境作用下，企业1和企业2的利润函数可以分别记为 W_1 和 W_2，具体计算模型如下：

$$W_1 = [a - b(q_1 + q_2) - c]q_1 - \frac{1}{2\alpha}e^2 - Q_1 \tag{5.1}$$

$$W_2 = [a - b(q_1 + q_2) - c]q_2 - \beta Le \tag{5.2}$$

$$s.\,t.\,mq_1 - e = \bar{e} \tag{5.3}$$

其中，m表示企业生产单位产品所排放的二氧化碳量；$\bar{e}$ 表示政府强制性环境规制设定的企业1最大合理碳排放量；mq_1 表示企业1的实际碳排放量。公式 (5.3) 的含义为企业1通过提升碳排放绩效水平降低e单位碳排放量后，其碳排放量等于命令控制型环境规制设定的碳排放量。为分析命令控制型环境规制对碳排放绩效的影响，从碳排放绩效不同的两个企业间利润差的视角切入进行分析，根据式 (5.1) 和式 (5.2) 可知：

$$\Delta W = W_1 - W_2$$

$$= [a - b(q_1 + q_2) - c]q_1 - \frac{1}{2\alpha}e^2 - Q_1 - [a - b(q_1 + q_2) - c]q_2 + \beta Le$$

$$= [a - b(q_1 + q_2) - c](q_1 - q_2) - \frac{1}{2\alpha}e^2 - Q_1 + \beta Le \tag{5.4}$$

通过构建企业1的拉格朗日函数，分别对产品产量 q_1、碳减排量e以及拉格朗日乘数 λ 求一阶偏导，企业2对产品产量 q_2 求一阶偏导，得到：

$$\frac{\partial W_1}{\partial q_1} = a - 2bq_1 - bq_2 - c - \lambda m = 0 \tag{5.5}$$

$$\frac{\partial W_2}{\partial q_2} = a - 2bq_2 - bq_1 - c = 0 \tag{5.6}$$

$$\frac{\partial W_1}{\partial e} = -\frac{1}{\alpha}e + \lambda = 0 \tag{5.7}$$

$$\frac{\partial W_1}{\partial \lambda} = mq_1 - e - \bar{e} = 0 \tag{5.8}$$

由式（5.5）和式（5.7）联立可消除 λ，结果如下：

$$\frac{\partial W_1}{\partial q_1} = a - 2bq_1 - bq_2 - c - \frac{e}{\alpha}m = 0 \qquad (5.9)$$

由式（5.6）和式（5.9）联立可求得 q_1 和 q_2：

$$q_1 = \frac{a - c - \frac{2e}{\alpha}m}{3b}, q_2 = \frac{a - c + \frac{e}{\alpha}m}{3b}$$

进一步，将 q_1 和 q_2 代入式（5.4）可得：

$$\Delta W = \beta Le - \frac{1}{2\alpha}e^2 - Q_1 - \left(a - c + \frac{1}{\alpha}em\right)\frac{em}{3b\alpha} \qquad (5.10)$$

由式（5.10）可知，企业 1 与企业 2 的利润差额主要受四部分影响，分别是命令控制型环境规制的处罚成本、减排成本、技改成本以及碳排放绩效差异带来的生产成本差异。由此可以看出，只有当命令控制型环境规制带来的处罚成本大于减排成本、技改成本和碳排放绩效差异带来的生产成本变化之和时，即 $\Delta W > 0$ 时，企业才会有提升碳排放绩效的动力。

进一步细分，处罚成本大小取决于企业超额排放二氧化碳被查处的概率 β 以及环境规制强度（超额排放单位二氧化碳的成本 L 和环境规制带来的碳减排量 e），减排成本取决于碳排放绩效 α 和环境规制带来的碳减排量 e；碳排放绩效差异带来的生产成本差异同样取决于碳排放绩效和环境规制带来的碳减排量 e。综上所述，企业 1 和企业 2 的利润差主要受企业超额排放二氧化碳被查处的概率 β、环境规制处罚成本 L 以及碳排放绩效 α。根据式（5.10）可知，国家提高查处力度，扩大企业抽查概率，进而增加企业超额排放二氧化碳被查处的概率 β，会增加企业提高碳排放绩效水平的动力；国家通过提高超额二氧化碳排放的边际成本 L 或通过制定较低的免费碳排放上限增加企业碳减排量 e，均会提高环境规制强度，进而导致 $\Delta W > 0$，促使企业增加技改投入，以提升碳排放绩效。基于此，企业在命令控制型环境规制约束下，会充分考虑 ΔW 结果，进一步判断是否进行技改投入，以提升企业碳排放绩效水平。

二、行业壁垒变动

行业壁垒是阻止或限制企业进入退出某一行业的障碍，是保护市场、消除竞争的有效手段和重要方法。行业壁垒越牢固，市场障碍越多，企业越难以进入，进而造成市场垄断程度越高，竞争相对缓和。行业壁垒主要包括进入壁垒和退出壁垒两类。

从进入壁垒看，命令控制型环境规制提高了行业的进入壁垒，在促使现有企业积极提升碳排放绩效的同时，还激励潜在进入的企业通过技术管理手段，提升自身碳排放绩效水平。根据式（5.10）可知，命令控制型环境规制致使潜在进入企业的成本提升了 $\frac{1}{2\alpha}e^2 + Q_1 + \left(a - c + \frac{1}{\alpha}em\right)\frac{em}{3b\alpha}$，如果潜在企业要进入该行业，必须通过提升技术管理手段，提高碳排放绩效水平，以跨越命令控制型环境规制带来的较高的行业壁垒。但也有部分研究认为，长期较高的进入壁垒，会形成行业内企业垄断现象，因缺乏企业竞争，垄断企业更倾向于利用垄断利润来弥补命令控制型环境规制带来的成本上升，反而造成垄断企业提升碳排放绩效的动力下降，产生"锁定效应"。

从退出壁垒看，命令控制型环境规制降低了碳排放绩效水平较低企业的退出壁垒。在"双碳"目标提出前，地方政府为保障当地就业、经济规模等，会提高企业的退出壁垒，导致企业退出时损失大量的资金；而在"双碳"目标作用下，碳排放绩效水平较低的企业会被强制性退出，大大降低了企业的退出成本，导致行业内企业整体碳排放绩效处于较高水平。

综上分析，命令控制型环境规制会通过提高行业的进入壁垒、降低行业的退出壁垒，以推动整体碳排放绩效水平的提升。但是，若命令控制型环境规制标准设置不当，将导致行业垄断现象发生，可能会产生"锁定效应"，进而造成企业碳排放绩效水平下降。

第二节

市场激励型环境规制的碳减排作用机理

中国一直致力于低碳经济发展，从历史上看，中国环境规制主要表现为以命令控制型为主，"十二五"规划、"十三五"规划，主要通过实施控制碳排放总量和控制碳排放强度推动碳减排工作的进行。2014年12月，在《中美气候变化联合声明》中，中国政府承诺"中国计划 2030 年左右二氧化碳达到峰值，并且将努力早日达峰"。2020 年 9 月，习近平总书记在第 75 届联合国大会上表示"中国努力争取 2060 年前实现碳中和"。在此背景下，仅依靠命令控制型环境规制难以实现"双碳"目标。为此，市场激励型环境规制逐步发展壮大，以期通过市场经济手段推动能源技术升级和产品升级，弥补行政命令式政策的局限性，进而实现碳减排目的。

市场激励型环境规制是政府基于"污染者付费"原则设计的，旨在借助市场信号引导企业的排污行为，通过激励的方式引导排污者降低排污水平。市场激励型环境规制明确经济主体具有一定程度的选择自由权，其典型特征是政府并不直接干预企业生产决策，只通过调控其面临的市场环境，交给企业自主决策。从微观层面看，市场激励型环境规制主要是通过市场手段，将碳排放内化为企业生产成本，通过成本内化机制促使企业自发开展碳排放绩效提升活动。从宏观层面看，政府通过市场手段，征收企业碳排放税，可以将分散的企业资金集中到政府手中，通过财富的转移集聚，由政府开展低碳技术研发推广，进而实现全社会企业碳排放绩效水平的整体提升。综上所述，市场激励型环境规制主要通过成本内化效应和科研集聚效应实现碳减排，其具体作用机理分析如下。

一、成本内化效应

市场激励型环境规制的主要手段就是将环境成本通过立法形式内化为企业的生产成本，促使企业为降低生产成本而不断提升碳排放绩效水平。为进一步运用数学方式推导其作用机理，仍假设行业 N 中仅有两个企业，分别为企业 1 和企业 2。考虑到中国现阶段并未对碳排放征税，本节研究对象为以碳交易机制为代表的市场激励型环境规制。假设二氧化碳排放交易价格为 t，此时，企业 1 和企业 2 的利润函数可表示为：

$$W_1 = [a - b(q_1 + q_2) - c]q_1 - (mq_1 - e)t - \frac{1}{2\alpha}e^2 - Q_1 \qquad (5.11)$$

$$W_2 = [a - b(q_1 + q_2) - c]q_2 - mq_2 t \qquad (5.12)$$

式（5.11）和式（5.12）中各个字母的含义与式（5.1）和式（5.2）中的

字母含义一致。企业1的利润函数 W_1 增加了碳排放成本 $(mq_1-e)t$，企业2的利润函数 W_2 减少了超额碳排放的罚款成本 βLe，增加了碳排放成本 $mq_2 t$。

为分析市场激励型环境规制对碳排放绩效的影响，从碳排放绩效不同的两个企业间利润差视角切入进行分析，根据式（5.11）和式（5.12）计算企业1和企业2的利润差为：

$$\Delta W = W_1 - W_2$$
$$= [a-b(q_1+q_2)-c]q_1-(mq_1-e)t-\frac{1}{2\alpha}e^2-Q_1$$
$$-[a-b(q_1+q_2)-c]q_2+mq_2 t$$
$$= [a-b(q_1+q_2)-c](q_1-q_2)-(mq_1-e)t-\frac{1}{2\alpha}e^2-Q_1+mq_2 t \quad (5.13)$$

根据利润函数最大化的一阶条件，分别对企业1产品产量 q_1、减排量 e 求一阶偏导，对企业2的产品产量 q_2 求一阶偏导，得到：

$$\frac{\partial W_1}{\partial q_1}=a-2bq_1-bq_2-c-mt=0 \quad (5.14)$$

$$\frac{\partial W_2}{\partial q_2}=a-2bq_2-bq_1-c-mt=0 \quad (5.15)$$

$$\frac{\partial W_1}{\partial e}=-\frac{1}{\alpha}e+t=0 \quad (5.16)$$

将式（5.16）分别代入式（5.14）和式（5.15）可得：

$$\frac{\partial W_1}{\partial q_1}=a-2bq_1-bq_2-c-\frac{me}{\alpha}=0 \quad (5.17)$$

$$\frac{\partial W_2}{\partial q_2}=a-2bq_2-bq_1-c-\frac{me}{\alpha}=0 \quad (5.18)$$

联立式（5.17）和式（5.18）可得 q_1 和 q_2：

$$q_1=q_2=\frac{a-c-\frac{e}{\alpha}m}{3b} \quad (5.19)$$

将式（5.19）代入式（5.13）中，可得企业1和企业2的利润差为：

$$\Delta W = et-\frac{1}{2\alpha}e^2-Q_1 \quad (5.20)$$

根据式（5.20）可知，企业 1 和企业 2 的利润差主要受三个方面因素影响，分别是碳交易价格 t、碳减排成本 $\frac{1}{2\alpha}e^2$ 和提升碳排放绩效的一次性成本投入 Q_1，并且企业 1 和企业 2 的利润差与碳交易价格呈正相关关系，与碳减排成本和碳排放绩效一次性投入成本呈负相关关系。只有当 $\Delta W > 0$ 时，即 $et > \frac{1}{2\alpha}e^2 + Q_1$ 时，企业才具有提升碳排放绩效成本投入的意愿。

企业作为"理性经济人"，在追求利益最大化的过程中，会在环境规制的调控下做出适应性行为反应[185]。企业为避免过量碳排放带来的额外成本，势必会有效利用免费的碳排放额，在保证产量不变的前提下，提升碳排放绩效水平是关键路径之一。当 $\Delta W > 0$ 时，企业 1 可以通过减少碳排放量在碳交易市场获利。当碳交易市场的碳价 t 高于边际碳减排成本时，企业 1 可以选择增加减排强度获得更多的排放配额，在碳交易市场中出售排放额度，获得利润。综上所述，市场激励型环境规制主要通过"政府创造、市场运作"的制度安排，将碳排放成本依法纳入企业的生产运营成本，将外部环境成本内化，实现对企业碳排放绩效的调控。

二、科研集聚效应

根据前面理论分析，当碳交易价格高于边际碳减排成本时，企业会主动提升碳排放绩效水平，实现从碳交易市场中获利。但现实中，对于规模较小、科研实力较弱的企业，自主研发低碳技术难度较大，因此多数企业难以通过自身科研技术创新提升碳排放绩效水平。部分碳排放绩效水平较差企业会通过购买碳排放配额，将部分财富转移至具有低碳技术创新能力的企业或科研部门，通过财富的集聚，提高了大型企业和科研部门的科研创新能力。大型企业低碳技术创新成果会进一步通过技术溢出效应提升中小企业的碳排放绩效水平，形成良性循环。

但是，这种科研集聚效应会始终保持主动提升碳排放绩效企业和被动提升碳排放绩效企业的差距，如果没有合理的调控机制，不断提升技术溢出效应，则会拉大两者碳排放绩效水平的差值，具有研发能力的大型企业，为保证自身因技术创新带来的碳减排收益，会主动降低技术溢出速度，获取环境领域的技术垄断利润，导致缺乏研发能力的中小型企业碳排放绩效水平难以同步提升，进而降低了科研集聚效应对整个行业的碳减排效果。

第三节

自愿参与型环境规制的碳减排作用机理

根据前面分析可知，命令控制型环境规制的碳减排效应受政府监管力度的影响，市场激励型环境规制的成本内化效应是其实现碳减排的重要路径，而自愿参与型环境规制依赖公众环保意识的提高，来源于对生存本质的追求。当经济生产活动造成的环境污染威胁到公众健康，公众将会自觉行使环保法律赋予的环境监督权利和公民诉讼权利，给予政府和环保违法者压力，监督其清除环境危害，能够有效弥补政府监管不到位、成本内化难度大等问题。因此，自愿参与型环境规制是命令控制型、市场激励型环境规制的有效补充。自愿参与型环境规制依靠公众自觉，监督政府和企业行为，其主要依靠企业外部压力推动和企业内部成本节约实现企业碳减排，具体的作用机理分析如下。

一、外部压力推动

根据命令控制型环境规制"成本倒逼"效应分析可知，不进行碳排放绩效提升的企业 2 会因碳排放超标面临处罚，企业 2 的罚款成本为 βLr。由于自愿参与型环境规制是命令控制型环境规制的补充，因此，设置 β 为自愿参与型环境规制强度的函数，表示为 $\beta = \beta(\gamma)$，γ 表示公众参与度，其中，$\beta'(\gamma) > 0$，即随着自愿参与型环境规制强度的提升，企业因超标排放被政府部门查处的概率增加。自愿参与型环境规制在提升超标排放企业处罚成本的同时，也会对主动减排企业产生隐性收益，如低碳企业更容易获得银行贷款甚至是低利率贷款，其产品更容易受到消费者喜爱等。因此，企业 1 会随着公众自愿参与度的不断提升，而获取更多的收益，设该部分隐性收益为 $\delta = \delta(\gamma)$，随公众参与度的提升而不断提高。

基于以上分析，企业 1 和企业 2 的利润函数变动为：

$$W_1 = [a - b(q_1 + q_2) - c]q_1 - \frac{1}{2\alpha}e^2 - Q_1 + \delta(\gamma) \tag{5.21}$$

$$W_2 = [a - b(q_1 + q_2) - c]q_2 - \beta(\gamma)Le \tag{5.22}$$

$$s.\,t.\ mq_1 - e = \bar{e} \tag{5.23}$$

除 δ 和 γ 外，式（5.21）、式（5.22）和式（5.23）的字母含义与式（5.1）、式（5.2）和式（5.3）中字母含义一致。

根据式（5.21）、式（5.22）可得企业 1 和企业 2 的利润差为：

$$\Delta W = W_1 - W_2$$

$$= [a - b(q_1 + q_2) - c]q_1 - \frac{1}{2\alpha}e^2 - Q_1 + \delta(\gamma) - [a - b(q_1 + q_2) - c]q_2 + \beta(\gamma)Le$$

$$= [a - b(q_1 + q_2) - c](q_1 - q_2) - \frac{1}{2\alpha}e^2 - Q_1 + \delta(\gamma) + \beta(\gamma)Le \tag{5.24}$$

通过构建企业 1 的拉格朗日函数，分别对产品产量 q_1、二氧化碳超标量 e 及拉格朗日乘数 λ 求一阶偏导，企业 2 对产品产量 q_2 求一阶偏导，得到求解利润最优解的公式如下：

$$\frac{\partial W_1}{\partial q_1} = a - 2bq_1 - bq_2 - c - \lambda m = 0 \tag{5.25}$$

$$\frac{\partial W_2}{\partial q_2} = a - 2bq_2 - bq_1 - c = 0 \tag{5.26}$$

$$\frac{\partial W_1}{\partial e} = -\frac{1}{\alpha}e + \lambda = 0 \tag{5.27}$$

$$\frac{\partial W_1}{\partial \lambda} = mq_1 - e - \bar{e} = 0 \tag{5.28}$$

根据以上四个等式，可以求得企业 1 和企业 2 的产量分别为：

$$q_1 = \frac{a - c - \dfrac{2e}{\alpha}m}{3b}, \quad q_2 = \frac{a - c + \dfrac{e}{\alpha}m}{3b}。$$

进一步地，将 q_1 和 q_2 代入式（5.24）可得：

$$\Delta W = \beta(\gamma)Le + \delta(\gamma) - \frac{1}{2\alpha}e^2 - Q_1 - \left(a - c + \frac{1}{\alpha}em\right)\frac{em}{3b\alpha} \tag{5.29}$$

根据式（5.29）可知，随着公众参与度 γ 的不断提高，企业 1 和企业 2 的利润差值逐渐增加，企业为追求利益，会通过提高技术投入不断提升碳排放绩效水平，以实现利益最大化。同时，企业 1 和企业 2 的利润差值还与反需求曲线斜率 b 成反比，表明 b 越大，即该产品对其他产品的替代效应越大，企业 1 与企业 2 的利润差值越大，也会促使企业提升碳排放绩效水平。综上所述，公众参与带来的压力以及公众对环保产品需求提升带来的拉力是企业提升自身碳排放绩效的外在驱动力。

首先，由于环境规制的实施主体是地方政府，地方政府可以选择非完全执行环境规制以实现自身利益最大化，即地方政府可以根据经济发展情况和目标，调整检查力度，影响环境规制处罚成本中的 β 值。而在引入自愿参与型环境规制后，公众会凭借自身对高质量环境的向往，主动参与对污染型企业的监督，发现不达标企业后进行举报，显著提升污染型企业被查处概率。因此，公众参与带来的压力将从外部推动企业不断提升碳排放绩效水平，以实现利润最大化目的。自愿参与型环境规制强度越大，即公众参与人数越多越广泛，不达标企业被查处的概率越高，对企业的外部压力越大，越有利于推动企业实施碳减排行为。反之，公众参与度越低，对企业的外部压力越小，越不利于推动企业碳减排行动的开展。

其次，根据式（5.29）可知，自愿参与型环境规制对实施碳减排行为企业的隐性收益产生影响，即 $\delta = \delta(\gamma)$。公众参与度越多，表明购买低碳产品的消费者越多，会进一步提升低碳企业的碳减排动力；同时，也会推动高碳企业不断提升碳排放绩效，以获取更大市场份额，实现利益最大化。相反，若公众参与度少，消费者对低碳产品需求不足，则会降低企业提升碳排放绩效水平的动力。

最后，根据式（5.29）可知，企业 1 和企业 2 的利润差值还与反需求曲线斜率 b 成反比，表明 b 越大，即该产品对其他产品的替代效应越大。随着公众参与度越高，b 越大，表明低碳产品对高碳产品的替代效应越大，会进一步迫使高碳企业进行碳减排。

二、内部成本节约

能源消费成本是多数企业生产成本的重要组成部分，尤其是电力、化工、建材、钢铁行业，能源消费成本占比更是超过总成本的 50%。而能源消费又是碳排放的主要来源，因此，企业为节约成本，即降低 c 值，会主动提升能源利用效率，进而提高碳排放绩效水平，不断实现碳减排。在自愿参与型环境规制强度不断提升的背景下，企业通过内部成本节约，不断提高能源利用效率，降低能源消费量，提升碳排放绩效水平，降低单位产品所含碳排放量，符合公众对低碳产品的需求，进而提高了产品的市场份额，最终实现企业利润的提升。综上所述，在自愿参与型环境规制下，企业内部成本节约与企业外部压力推动将形成良性循环，不断推进企业碳排放绩效水平和利润的提高。

第四节

综合环境规制的碳减排作用机理

在现实社会中，多种环境规制工具并存，国家通过综合运用命令控制型环境规制、市场激励型环境规制、自愿参与型环境规制工具，宏观调控企业生产行为，以达到碳减排的目的。

延续前面的研究思路，同样假设一个行业仅有两个企业，分别为企业 1 和企业 2，其中企业 1 积极响应国家号召，不断提升碳排放绩效水平，企业 2 保持碳绩效水平不变。根据前面分析，在综合环境规制调控下，企业 1 除基础生产成本外，会因命令控制型环境规制而增加碳排放绩效提升的一次性设备投入 Q_1 和减排 e 单位二氧化碳所需的成本 $\dfrac{e^2}{2\alpha}$；以及因市场激励型环境规制带来的碳排放成本 $(mq_1 - e)t$；同时，在自愿参与型环境规制作用下，企业 1 也会因为积极减排带来一定的隐性收益 $\delta(\gamma)$。相比企业 1，企业 2 在综合环境规制调控下，因达不到政府强制性排放标准缴纳罚款 βLe，其中，β 受自愿参与型环境规制的影响，可表示为 $\beta(\gamma)$；同时企业 2 因市场激励型环境规制而增加碳排放成本 mq_2t。综上分析，可以将企业 1 和企业 2 的利润函数表达如下：

$$W_1 = [a - b(q_1 + q_2) - c]q_1 - \frac{1}{2\alpha}e^2 - Q_1 - (mq_1 - e)t + \delta(\gamma) \qquad (5.30)$$

$$W_2 = [a - b(q_1 + q_2) - c]q_2 - \beta(\gamma)Le - mq_2t \qquad (5.31)$$

$$\text{s. t. } mq_1 - e = \overline{e} \tag{5.32}$$

式（5.30）、式（5.31）和式（5.32）中字母含义与前面字母含义相同，不再赘述。

根据式（5.30）、式（5.31）可得企业 1 和企业 2 的利润差为：

$$\Delta W = W_1 - W_2$$

$$= \left[a - b(q_1 + q_2) - c \right] q_1 - \frac{1}{2\alpha} e^2 - Q_1 - (mq_1 - e)t + \delta(\gamma)$$

$$- \left[a - b(q_1 + q_2) - c \right] q_2 + \beta(\gamma) Le + mq_2 t$$

$$= \left[a - b(q_1 + q_2) - c \right] (q_1 - q_2) - \frac{1}{2\alpha} e^2 - Q_1 - (mq_1 - e)t$$

$$+ \delta(\gamma) + \beta(\gamma) Le + mq_2 t$$

$$= \left[a - b(q_1 + q_2) - c \right] (q_1 - q_2) - \frac{1}{2\alpha} e^2 - Q_1 + (mq_2 - mq_1 + e)t$$

$$+ \delta(\gamma) + \beta(\gamma) Le \tag{5.33}$$

进一步，根据前面方法求得：$q_1 = q_2 = \dfrac{a - c - \dfrac{e}{\alpha} m}{3b}$。

将其代入式（5.33）得：

$$\Delta W = -\frac{1}{2\alpha} e^2 - Q_1 + (mq_2 - mq_1 + e)t + \delta(\gamma) + \beta(\gamma) Le \tag{5.34}$$

综上所述，综合环境规制带来的碳排放成本、隐性收益、处罚成本之和大于企业减排成本与设备投入成本之和，企业则会有动力不断提高碳排放绩效水平。同时，并不是环境规制强度越高越有效，过高的环境规制强度，容易造成"锁定效应"，降低垄断企业提升碳排放绩效的内在动力。因此，环境规制与碳排放绩效之间可能存在一定的门槛效应。

进一步地，综合命令控制型、市场激励型和自愿参与型环境规制对碳排放的作用机理分析结论，构建环境规制对碳排放绩效的作用机理理论模型如图 5.1 所示。由图 5.1 可知，通过命令控制型环境规制的成本倒逼效应和行业壁垒变动、市场激励型环境规制的成本内化效应和科研集聚效应、自愿参与型环境规制的外部压力推动和内部成本节约等对碳排放绩效水平产生影响。考虑到不同地区、不同发展阶段，环境规制体系的组成存在差异，可能对区域碳排放产生的影响并不相同，具体情况仍需要进一步开展实证检验与分析。

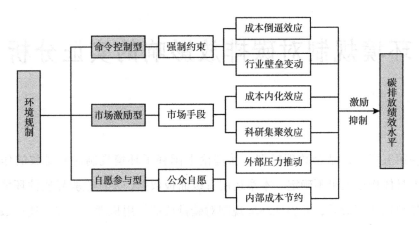

图5.1 环境规制对碳排放绩效的作用机理

第五节

本章小结

在总结梳理环境规制相关研究进展与成果的基础上，本章从理论视角分别构建了命令控制型、市场激励型、自愿参与型环境规制和综合环境规制对碳排放绩效作用机理的数学推导模型，为后面的实证分析、仿真模拟奠定了理论基础。

（1）基于命令控制型环境规制特征和数学推导模型，阐明了命令控制型环境规制对碳排放绩效的作用机理：成本倒逼效应和行业壁垒变动；（2）基于市场激励型环境规制特征和数学推导模型，阐明了市场激励型环境规制对碳排放绩效的作用机理：成本内化效应和科研集聚效应；（3）基于自愿参与型环境规制特征和数学推导模型，阐明了自愿参与型环境规制对碳排放绩效的作用机理：外部压力推动和内部成本节约；（4）综合以上三种类型的环境规制作用机理，构建了综合环境规制对碳排放绩效作用机理的理论模型。

第六章

环境规制对碳排放影响的实证分析

在第五章中，结合数理模型，从理论上阐释了环境规制对碳排放的作用机理，但具体作用效果不确定。本章运用省级面板数据，实证检验异质性环境规制对碳排放的作用效果，并验证环境规制对碳排放的作用机理。首先，通过数据平稳性检验、多重共线性检验以及模型选择，最终选取固定效应模型，回归分析环境规制对碳排放绩效的影响，通过替换变量和工具变量法对结果进行稳健性检验；其次，采用面板门槛模型，探讨当环境规制强度以及能源禀赋强度不同时，环境规制与碳排放绩效的非线性关系。

第一节

模型构建

一、模型设定

（一）基准回归模型

根据区域碳排放影响因素相关研究成果和结论，借鉴李颖等[186]的方法，以环境规制作为解释变量，构建环境规制对区域碳排放绩效的基准回归模型，公式如下：

$$CE_{i,t} = \alpha + \beta ER_{i,t} + \gamma X_{i,t} + \varepsilon_{i,t} \tag{6.1}$$

其中，CE 为省区市碳排放绩效；ER 为环境规制变量，即核心解释变量，包括命令控制型环境规制、市场激励型环境规制、自愿参与型环境规制和总体环境规制；i 为地区，t 为时间，X 为控制变量集，根据第三章元分析的结果，选取经济发展水平、城镇化水平、对外开放度、产业结构、能源结构和技术创新作为控制变量；α 为待估算参数；ε 为随机扰动项。

(二) 门槛效应模型

通过机理分析可知，并不是环境规制强度越高越有效，过高的环境规制强度，容易造成"锁定效应"，降低垄断企业提升碳排放绩效的内在动力。因此，环境规制与碳排放绩效之间可能存在一定的门槛效应。采用 Hansen[187] 的面板门槛模型，探寻环境规制与碳排放绩效的非线性关系。面板门槛模型本质上就是在寻找一个或多个临界点，并依据临界点划分为多个区间以观察区间内系数的不同，基本模型如下：

$$CE_{i,t} = \alpha + \beta_1 ER_{i,t} \times I(ESAD \leq \delta_1) + \beta_2 ER_{i,t} \times I(\delta_1 \leq ESAD \leq \delta_2) + \cdots$$
$$+ \beta_n ER_{i,t} \times I(\delta_{n-1} \leq ESAD \leq \delta_n) + \beta_{n+1} ER_{i,t} \times I(ESAD > \delta_n) + \gamma X_{i,t} + \varepsilon_{i,t}$$
$$(6.2)$$

其中，ESAD 为门槛变量，由 Hansen 的设定可知，在给予门槛值 δ 的情况下可对模型执行参数估计并得出残差平方和，给予的数值越接近于真实值，残差平方和就越小。因此，可以通过设定不同门槛值 δ 的方法来搜寻到真实门槛值，Hansen 采用格栅法获得真实值。

二、指标选取与数据来源

综合碳排放测度及其影响因素的元分析结果，选取碳排放绩效作为被解释变量，环境规制为核心解释变量，经济发展水平、城镇化水平、外商直接投资、产业结构、能源结构和技术创新作为控制变量。结合相关研究，本节明确其变量的含义、计算过程和数据来源。

(一) 被解释变量

根据碳排放测度结果分析，本书选取碳排放绩效作为被解释变量，更加符合低碳经济发展的理念与目标。运用超效率 SBM 模型进行测算，具体计算过程参照第四章第一节。

(二) 核心解释变量

随着社会对环境质量问题的不断重视，中国出台了多项环境规制政策措施，环境规制力度不断加大。目前环境约束主要来源于政府干预的命令式和市场化方式，以及政府、企业和公众随着环保意识的提高而进行的自觉行为。由于无法从统计年鉴中获取环境规制强度的数据，在参考相关研究成果的基础上，结合数据可得性和本书的研究目的，选用合适的指标和方法对环境规制强度进行测算。其中所需数据均来源于《中国环境年鉴》与《中国环境统计年鉴》。

1. 命令控制型环境规制强度

命令控制型环境规制是由政府采取强制性手段，直接进行行政干预，包括制定环境法律法规、明确环境技术标准、控制污染物排放总量、实施"三同时"制度、限期治理等。命令控制型环境规制强度的常见衡量方式主要有："三同时"项目投资额与工业总产值的比重（黄清煌等，2017[188]）、建设项目"三同时"执行合格率（占佳等，2015[189]）、各地区环境标准颁发个数（李永友等，2008[190]）。基于数据可得性和连续性，本书参考张丹和李玉双[191]的处理方法，选择政府受理与环境相关的行政处罚案件数、行政复议案件数和当年颁布的环境法规三个指标，运用熵值法衡量命令控制型环境规制强度 ER1。具体计算过程如下。

第一步，对政府受理的环境行政处罚案件数、行政复议案件数和当年颁布的环境法规这三个指标分别进行标准化处理。由于指标量纲不统一，首先进行标准化处理：

$$E_{ij} = \frac{x_{ij} - \min(x_j)}{\max(x_j) - \min(x_j)} \tag{6.3}$$

其中，E_{ij} 表示第 i 个样本第 j 类指标的标准化值，x_{ij} 表示第 i 个样本第 j 类指标的原值，$\min(x_i)$ 和 $\max(x_i)$ 分别表示第 j 类指标的最小值和最大值。

第二步，计算第 j 类指标第 i 个样本的比重。对数据进行标准化处理后得到了包含 n 个样本，m 个指标的面板数据，计算样本比重：

$$P_{ij} = \frac{E_{ij}}{\sum\limits_{i=1}^{n} E_{ij}}, (i = 1, 2, \cdots, n; j = 1, 2, \cdots, m) \tag{6.4}$$

其中，P_{ij} 表示第 i 个样本占第 j 类指标总数的比重。

第三步，计算指标信息熵值和信息效用值。信息熵值越小，信息效用值越大，对评价的重要性越大，所得到的权重也就越大，具体计算过程如下：

$$e_j = -\frac{1}{\ln(n)} \sum\limits_{i=1}^{n} P_{ij} \times \ln(P_{ij}), (j = 1, 2, \cdots, m) \tag{6.5}$$

$$d_j = 1 - e_j, (j = 1, 2, \cdots, m) \tag{6.6}$$

其中，e_j 表示第 j 类指标信息熵值，d_j 表示第 j 类指标的信息效用值。

第四步，计算各指标的权重。

$$W_j = \frac{d_j}{m - \sum\limits_{j=1}^{m} e_j}, (j = 1, 2, \cdots, m) \tag{6.7}$$

第五步，计算命令控制型环境规制强度。该指标越大，表示命令控制型环境规制强度越大，环境规制政策越严格。

$$ER_j = \sum\limits_{j=1}^{m} W_j \times P_{ij}, (j = 1, 2, \cdots, m) \tag{6.8}$$

2. 市场激励型环境规制强度

市场激励型环境规制主要依靠市场引导，通过影响企业利润或成本进而达到污染治理的目的，主要包括环境税费制度、排污权交易制度和环境污染治理补贴等形式，避免了政府直接干预导致的效率损失。目前，市场激励型环境规制强度衡量方法多采用工业污染治理项目完成投资额（应瑞瑶等，2006[192]）或排污费等单项指标（余伟等，2016[193]）衡量。

由于中国排污权交易制度实施时间较短，且覆盖面积较窄，而 2018 年《环境保护税法》正式实施，废除排污费，征收环境保护税，基于此，本书选取工业污染治理投资额指标衡量市场激励型环境规制强度 ER2，并对该指标进行标准化处理。工业污染治理投资额代表了地区治理"三废"及其他环境污染工程的投资情况，投资额越大，企业治理或减少环境污染的动力越大。该指标越大，表示市场激励型环境规制强度越大。

3. 自愿参与型环境规制强度

自愿参与型环境规制主要依靠社会环保意识提高，涉及政府、企业、非政府组织、社会公众等多个层面。随着对生态环境要求的提高，公众对环境事件的关注度也逐步增加。自愿参与型环境规制强度的衡量指标主要包括环境新闻的数量（余伟等，2016[189]）、信访来信件数（占佳等，2015[185]）、群众上访批次（黄清煌等，2017[184]）以及环保部环境电话投诉数量（马勇等，2018[194]）。

由于统计口径的变化，为保证数据的完整性和连续性，参考吴磊等[37]的方法，选取承办的与环境相关的人大建议数和政协提案数两个指标，熵值法处理后衡量自愿参与型环境规制的强度 ER3。人大建议数和政协提案数均反映了地区公众对环境污染的监督力度，数量越多说明公众对环境问题越重视。该指标越大，表示自愿参与型环境规制强度越大。

4. 总体环境规制强度

借鉴叶琴等[128]的做法，通过工业废水排放量、工业二氧化硫排放量、工业烟尘排放量以及工业固体废物生产量综合计算总体环境规制强度 ER：

$$EF_{ij}^{st} = \frac{\max(EF_j) - EF_{ij}}{\max(EF_j) - \min(EF_j)} \tag{6.9}$$

其中，EF_{ij}^{st} 表示 t 时期第 i 个地区第 j 类污染物排放量的标准化结果，EF_{ij} 第 i 个地区第 j 类污染物排放量，$\min(EF_j)$ 和 $\max(EF_j)$ 分别表示第 j 类污染物的排放量的最小值和最大值。

计算各类污染物和 GDP 的比值：

$$W_j = \frac{EF_{ij}^{st}}{GDP_i} \tag{6.10}$$

其中，GDP_i 表示各年度 30 个省区市国内生产总值。综合环境规制强度指标为：

$$ER_i^t = \frac{1}{4} \sum_{j=1}^{4} W_j \tag{6.11}$$

其中，ER_i^t 表示 t 时期第 i 个地区的总体环境规制强度。该值越大，说明污染物排放量越小，表明总体环境规制力度越大；该值越小，则污染物排放量越大，总体环境规制力度越大。

（三）控制变量

根据第三章元分析结果，经济发展水平、城镇化水平、产业结构、能源结构对碳排放具有显著影响，而外商直接投资、技术创新对碳排放的影响不确定，结果有待进一步验证。因此，选其作为控制变量指标，实证检验影响因素对碳排放绩效的作用效果，具体变量说明和指标设计如表6.1所示。其中，经济发展水平用人均GDP表示，以2000年为基期对GDP进行平减处理，进而转化为实际GDP，剔除物价变动的影响。考虑到中国产业转型的方向，参考曹珂等[195]的做法，选取第三产业产值与生产总值的比率作为衡量产业结构的指标。

表6.1　　　　　　　　　　控制变量说明及数据来源

变量名称	代表指标	指标来源	数据来源
经济发展水平	人均GDP	王惠、王树乔[196]	《中国统计年鉴》
城镇化水平	城镇人口/年末常住人口数量	王锋等[197]	《中国统计年鉴》
对外开放度	外商直接投资	刘海云、龚梦琪[198]	Wind数据库、各省区市统计年鉴
产业结构	第三产业产值/生产总值	曹珂[191]	《中国统计年鉴》
能源结构	煤炭消费量/能源消费总量	徐盈之、王秋彤[199]	《中国能源统计年鉴》
技术创新	专利申请量	高洁、汪宏华[200]	国家统计局

注：该表内容由作者分析整理所得。

（四）门槛变量

能源禀赋在狭义上主要指能源赋存量，反映能源的富集情况；而广义上，能源禀赋则包含能源分布特征、能源赋存量和能源质量等多个方面。

根据"资源诅咒"理论，能源禀赋会通过"荷兰病效应""挤出效应"影响当地碳排放量，从"荷兰病效应"视角看，能源富集区会抑制当地经济发展，而中国经济属于能源驱动型经济，因此，能源富集区的能源消耗量会低于能源贫乏区域，导致碳排放量减少；而从"挤出效应"视角看，能源富集区会抑制当地技术创新，导致能源效率偏低，进而导致单位产值的能源消耗量提升，最终提高该区域的碳排放量。

由于各种客观条件因素的存在，无法对各省区市能源资源进行准确的探测，且考虑到已勘测出的能源储备量代表的仅是地理意义上的禀赋优势，在没得到开发前，无法表明对社会经济产生的作用。本书借鉴张翠菊[201]的做法，使用能源自给率，即能源生产量与能源消费量之比表示能源禀赋强度。

三、描述性统计

本书利用2000~2018年中国30个省区市的面板数据进行实证分析，不包括港澳台和西藏。为了更加清晰地查看各变量数据的分布情况，本书对所有变量进行了描述性统计，如表6.2所示。

表6.2 变量描述性统计

变量	样本量	均值	最小值	最大值	标准差
碳排放绩效	570	0.4315	0.1213	1.4612	0.1954
碳排放量	570	264.1104	0.8144	1552.005	233.8964
命令控制型环境规制	570	0.1754	0.0001	0.9665	0.1773
市场激励型环境规制	570	0.2375	0.0000	1.0000	0.2205
自愿参与型环境规制	570	0.1754	0.0001	0.5117	0.1383
总体环境规制	570	2.4029	0.0438	36.7180	4.5762
经济发展水平	570	3.2701	0.2742	14.0761	2.5634
城镇化水平	570	0.5043	0.1960	0.8960	0.1500
对外开放度	570	54.2083	0.0394	357.6000	67.1508
产业结构	570	0.4279	0.2830	0.8098	0.0854
能源结构	570	0.6261	0.0506	0.9027	0.1556
技术创新	570	46033.69	124	793819	90505.99
能源禀赋	570	0.8514	0.0052	8.7130	0.9410

数据来源：根据Stata15.0的计算结果整理。

四、数据平稳性检验

为避免出现虚假回归，在数据分析前，需要对变量进行单位根检验，确保数据的平稳性。本书采用LLC检验法和Fisher – ADF检验法进行单位根检验，LLC

检验法适用于同质面板假设，Fisher – ADF 检验法适用于异质面板假设。为剔除变量间的量纲关系，对碳排放量、总体环境规制、经济发展水平、对外开放度、技术创新和能源禀赋等指标进行标准化处理。变量的单位根检验结果如表 6.3 所示，可以看出，两种检验方法所得出的结论一致，数据是平稳的，无须处理，可直接用于下一步的计量分析中。

表 6.3　　　　　　　　　　　　单位根检验

变量	LLC 检验		Fisher – ADF 检验	结论
	检验类型	统计量	统计量	
碳排放绩效	C，T，0	− 6.1153 ***	337.4357 ***	平稳
碳排放量	C，T，0	− 3.0501 ***	90.1344 ***	平稳
命令控制型	C，T，0	− 4.9921 ***	308.7363 ***	平稳
市场激励型	C，T，0	− 3.2832 ***	261.9354 ***	平稳
自愿参与型	C，T，0	− 2.3494 ***	242.0955 ***	平稳
总体环境规制	C，T，0	− 3.0452 ***	184.1967 ***	平稳
经济发展水平	C，T，0	− 4.7694 ***	154.2267 ***	平稳
城镇化水平	C，T，0	− 7.7543 ***	176.2814 ***	平稳
对外开放度	C，T，0	− 2.4176 ***	130.7736 ***	平稳
产业结构	C，T，0	− 2.6584 ***	107.6036 ***	平稳
能源结构	C，T，0	− 7.8322 ***	174.1289 ***	平稳
技术创新	C，T，0	− 6.5452 ***	132.7772 ***	平稳
能源禀赋	C，T，0	− 6.6561 ***	129.6508 ***	平稳

注：括号内为 t 值，*** 表示 1% 的水平上显著。C、T、0 分别表示截距项、时间趋势项和滞后 0 期。数据根据 Stata15.0 计算所得。

第二节

基准回归结果分析

一、多重共线性检验

面板回归模型的基本假设为解释变量之间相互独立。如果存在两个及以上的解释变量之间出现高度相关性，会导致参数估计不准确，影响回归结果。因此，本书对解释变量进行相关性分析。一般情况下，相关系数绝对值大于0.7，表示变量强相关，介于0.5和0.7之间为中度相关，小于0.5则表示相关性较弱。具体解释变量的相关性分析结果如表6.4所示。

表6.4 解释变量相关性检验

变量名称	总体环境规制	命令控制型	市场激励型	自愿参与型	经济发展水平	城镇化水平	对外开放度	产业结构	能源结构	技术创新
总体环境规制	1									
命令控制型	0.1960	1								
市场激励型	0.2517	0.3041	1							
自愿参与型	0.4014	0.4106	0.4100	1						
经济发展水平	−0.2016	0.2250	0.0967	−0.0321	1					
城镇化水平	−0.3074	0.2074	0.0727	−0.1215	0.5180	1				
对外开放度	0.1311	0.3653	0.4565	0.2398	0.5378	0.3024	1			
产业结构	0.3976	0.0238	0.4079	0.2343	−0.1219	−0.1017	0.1584	1		
能源结构	−0.3142	−0.2083	−0.1736	−0.0988	−0.2556	−0.3264	−0.2893	0.3704	1	
技术创新	0.1123	0.4469	0.4776	0.2159	0.3278	0.4102	0.4897	0.1264	−0.2711	1

数据来源：根据Stata15.0的计算结果整理。

由表6.4可知，核心解释变量命令控制型环境规制、市场激励型环境规制、自愿参与型环境规制和总体环境规制的相关系数绝对值均小于0.5，说明其相关关系较弱，不存在多重共线性问题。而控制变量城镇化水平、对外开放度、产业结构、能源结构和技术创新之间的相关系数绝对值均小于0.5，相关关系较弱，但经济发展水平与城镇化水平和对外开放度之间的相关系数大于0.5，为了确保回归结果的准确性，本书采用方差膨胀因子（VIF）对解释变量进行多重共线性检验。VIF值越大，多重共线性越严重，一般认为VIF大于10，是判断存在多重共线性问题的标准。具体结果如表6.5所示。核心解释变量命令控制型环境规制、市场激励型环境规制、自愿参与型环境规制和总体环境规制的VIF值均小于10，控制变量的VIF值均小于10，表明变量不存在多重共线性问题。

表 6.5　　　　　　　　　　　　解释变量多重共线性检验

变量名称	命令控制型	市场激励型	自愿参与型	总体环境规制	经济发展水平	城镇化水平	对外开放度	产业结构	能源结构	技术创新
VIF	1.62	1.78	2.30	1.76	3.55	4.12	4.51	1.53	1.62	3.91
1/VIF	0.6163	0.5622	0.4354	0.5679	0.2818	0.2427	0.2216	0.6514	0.6162	0.2560

数据来源：根据 Stata15.0 的计算结果整理。

二、模型选择

在进行面板模型估计时，需要判断具体使用混合回归模型、固定效应模型还是随机效应模型。混合回归模型是一个极端策略，其基本假设为不存在个体效应，而个体效应有两种不同的存在形态，即固定效应和随机效应。首先，通过 F 检验，确定是否存在个体效应，如果 F 检验结果拒绝原假设，说明模型存在个体效应，继续进行豪斯曼（Hausman）检验，以确定使用固定效应模型还是随机效应模型。具体结果如表 6.6 所示，以碳排放绩效为被解释变量，以命令控制型环境规制、市场参与型环境规制、自愿参与型环境规制和总体环境规制为核心解释变量的 4 个模型，均选择固定效应模型进行实证分析。

表 6.6　　　　　　　　　　　　模型选择结果

模型	被解释变量	核心解释变量	控制变量	F 统计值	F 检验结果	卡方统计量	豪斯曼检验结果
模型 1	碳排放绩效	命令控制型环境规制	控制	43.33 (0.0000)	拒绝原假设 存在个体效应	151.50 (0.0000)	拒绝原假设 固定效应
模型 2	碳排放绩效	市场参与型环境规制	控制	43.13 (0.0000)	拒绝原假设 存在个体效应	156.54 (0.0000)	拒绝原假设 固定效应
模型 3	碳排放绩效	自愿参与型环境规制	控制	41.21 (0.0000)	拒绝原假设 存在个体效应	157.58 (0.0000)	拒绝原假设 固定效应
模型 4	碳排放绩效	总体环境规制	控制	41.74 (0.0000)	拒绝原假设 存在个体效应	183.69 (0.0000)	拒绝原假设 固定效应

数据来源：根据 Stata15.0 的计算结果整理。

三、环境规制对碳排放绩效的作用影响

根据前面 F 检验和 Hausman 检验结果，本书利用固定效应模型探究核心解释变量对碳排放绩效的作用效果。考虑到中国东中西部地区环境规制强度以及经济社会环境发展水平差异较大，为更准确地衡量核心解释变量对碳排放绩效的影响，分别从全国层面和区域层面进行计量分析。

（一）命令控制型环境规制对碳排放绩效作用影响

选取命令控制型环境规制作为解释变量，根据模型（6.1），得到计量结果如表6.7所示。从全国层面看，命令控制型环境规制对碳排放绩效的回归系数为0.107，且在5%水平上显著，命令控制型环境规制强度每上升1单位，碳排放绩效将提升0.107，命令控制型环境规制对碳排放绩效具有显著促进作用，说明现阶段国家强制性措施的碳减排效应大于所损失的经济发展效应。

表6.7　　　　　　　命令控制型环境规制对碳排放绩效影响结果

变量	全国	东部地区	中部地区	西部地区
命令控制型环境规制	0.107 ** （3.04）	0.181 * （2.44）	0.365 * （2.46）	0.058 * （2.54）
经济发展水平	0.137 ** （3.01）	0.169 （1.74）	0.159 （1.39）	0.065 *** （11.44）
城镇化水平	-1.406 *** （-11.93）	-1.909 *** （-7.72）	-1.708 *** （-5.11）	-1.633 *** （-14.84）
对外开放度	-0.057 （-1.23）	-0.085 （-1.26）	-0.044 （-0.30）	-0.027 （-0.48）
产业结构	0.628 *** （5.03）	1.826 *** （5.54）	0.506 ** （2.62）	0.381 *** （6.04）
能源结构	-0.154 ** （-3.07）	-1.276 *** （-6.12）	-0.261 *** （-4.81）	-0.142 *** （-7.42）

续表

变量	全国	东部地区	中部地区	西部地区
技术创新	0.165 ** (2.70)	0.150 * (2.23)	0.438 *** (2.78)	0.315 *** (3.40)
常数项	0.883 *** (11.70)	1.629 *** (7.74)	1.034 *** (5.85)	0.722 *** (16.70)
观测数	570	209	152	209
R^2	0.5610	0.4868	0.5507	0.7398

注：括号内为 t 值，* 、** 、*** 分别表示10%、5%、1%的水平上显著。

结合第五章作用机理分析，命令控制型环境规制通过"成本倒逼"效应和行业壁垒变动影响碳排放绩效，命令控制型环境规制通过规定碳排放标准或低碳技术标准，促使企业投入资金用于低碳生产，通过采取低碳技术创新、购买环保设备等手段达到碳排放标准。此时命令控制型环境规制带来的处罚成本大于企业的减排成本、技改成本和碳排放绩效差异带来的生产成本变化之和，企业有动力实施碳减排措施，且此时命令控制型环境规制提高了行业进入壁垒、降低行业退出壁垒，提升碳排放绩效，在宏观层面表现为：环保成本投入小于其增加的环境经济效益，进而实现碳排放绩效的提升。

从区域层面看，命令控制型环境规制对东中西部地区碳排放绩效均具有显著促进作用，但影响效应大小存在差异。从作用效果看，命令控制型环境规制对东中西部地区碳排放绩效的影响系数依次为 0.181、0.365 和 0.058，中部地区最高，其次为东部地区和西部地区。其主要原因是中部地区正处于能源驱动型经济发展阶段，命令控制型环境规制通过其强制执行力，对中部地区高污染、高耗能产业进行约束，在保障经济发展的同时，降低碳排放量，进而提升其碳排放绩效，中部地区的能源密集型产业占比高，所以命令控制型环境规制对中部地区的影响效果最大；东部地区正处于经济转型阶段，命令控制型环境规制能够有效推动经济发展模式转变，促进清洁能源发展，进而对东部地区的碳排放绩效提升作用较显著；西部地区经济发展水平落后于东中部地区，超前制定环境规制标准有利于引导规范经济发展方向，降低碳排放量，但由于西部地区高耗能产业规模较小，导致命令控制型环境规制的作用效果较弱。

（二）市场激励型环境规制对碳排放绩效作用影响

选取市场激励型环境规制作为解释变量，根据模型（6.1），得到计量结果如表6.8所示。从全国层面看，市场激励型环境规制对碳排放绩效的回归系数为0.129，且在5%水平上显著，表明市场激励型环境规制强度每上升1单位，碳排放绩效将提升0.129，市场激励型环境规制对碳排放绩效具有显著促进作用。

表6.8　　　　　　市场激励型环境规制对碳排放绩效影响结果

变量	全国	东部地区	中部地区	西部地区
市场激励型环境规制	0.129 **	0.255 ***	− 0.150 *	0.157 *
	(3.10)	(4.32)	(− 2.11)	(2.00)
经济发展水平	0.143 **	0.168 *	0.221 *	0.397 **
	(3.15)	(2.16)	(2.15)	(2.58)
城镇化水平	− 1.437 ***	− 1.877 ***	− 1.619 ***	− 2.312 ***
	(− 12.23)	(− 9.95)	(− 5.13)	(− 8.01)
对外开放度	− 0.053	− 0.035	− 0.110	− 0.255
	(− 1.16)	(− 0.60)	(− 0.79)	(− 1.68)
产业结构	0.742 ***	1.566 ***	0.483 *	0.761 ***
	(5.89)	(6.05)	(2.55)	(4.42)
能源结构	− 0.184 ***	− 1.359 ***	− 0.220 ***	− 0.367 ***
	(− 3.61)	(− 8.51)	(− 4.64)	(− 7.16)
技术创新	0.156 *	0.096	1.292 ***	0.278
	(2.55)	(1.46)	(5.14)	(1.14)
常数项	0.857 ***	1.647 ***	0.971 ***	1.029 ***
	(11.25)	(10.04)	(5.73)	(8.94)
观测数	570	209	152	209
R^2	0.4610	0.5684	0.5544	0.5734

注：括号内为t值，*、**、***分别表示10%、5%、1%的水平上显著。

　　结合第五章作用机理分析，市场激励型环境规制通过成本内化效应和科研集聚效应影响碳排放绩效。国家采取环境税、排污权交易、环境补贴、污染治理投资等措施，充分发挥市场"看不见的手"的作用，影响环境要素的价格，该价格为企业使用环境要素的边际成本，企业可以根据实际情况在增加边际成本和治理排放之间进行选择，赋予企业一定的改进空间，通过经济手段鼓励企业进行低碳生产，提高碳排放绩效。目前企业使用环境要素的边际成本高于边际碳减排成本，且通过科研集聚，提高了大型企业的科研创新能力，将碳排放内化为企业的生产成本，提升了碳排放绩效水平。

　　从区域层面看，市场激励型环境规制对东中西部地区碳排放绩效具有显著异质性影响。其中，市场激励型环境规制对东部地区和西部地区碳排放绩效的回归系数分别为 0.255 和 0.157，且分别在 1% 和 10% 水平上显著，表明市场激励型环境规制对东部地区和西部地区碳排放绩效均具有显著促进作用，且对东部地区的碳排放绩效的作用效果更大。东部地区市场化程度高，且科研创新能力强，企业对市场因素变动的敏感性更强，而西部地区的市场化程度较低，企业对市场因素变动的敏感性较弱，市场激励型环境规制对碳排放绩效的促进作用受到一定影响。市场激励型环境规制对中部地区碳排放绩效的回归系数为 −0.150，且在 10% 水平上显著，表明市场激励型环境规制对中部地区碳排放绩效具有显著抑制作用。这从侧面证实了中部地区作为承接东部地区高耗能产业的重要区域，市场激励型环境规制对碳排放绩效的促进作用被"污染避难所"效应所抵消，其对碳减排的作用效应小于其对经济发展的阻碍效应，进而导致中部地区碳排放绩效的降低。

（三）　自愿参与型环境规制对碳排放绩效作用影响

　　选取自愿参与型环境规制作为解释变量，依据模型（6.1），得到计量结果如表 6.9 所示。从全国层面看，自愿参与型环境规制对碳排放绩效的影响系数为 0.056，但结果不显著。自愿参与型环境规制对中国碳排放绩效水平的提升作用效果不明显。从区域层面看，自愿参与型环境规制对东中西部地区的碳排放绩效影响系数分别为 0.178、0.057 和 0.079，均不显著。

表6.9   自愿参与型环境规制对碳排放绩效影响结果

变量	全国	东部地区	中部地区	西部地区
自愿参与型 环境规制	0.056 (0.85)	0.178 (1.76)	0.057 (0.54)	0.079 (0.22)
经济发展水平	0.143 ** (3.11)	0.217 ** (2.65)	0.156 (1.36)	0.161 *** (9.28)
城镇化水平	−1.442 *** (−12.15)	−1.895 *** (−9.67)	−1.608 *** (−5.04)	−1.639 *** (−14.55)
对外开放度	−0.024 (−0.54)	−0.005 (−0.09)	−0.111 (−0.79)	−0.026 (−0.43)
产业结构	0.686 *** (5.45)	1.688 *** (6.12)	0.540 ** (2.93)	0.389 *** (5.99)
能源结构	−0.156 ** (−3.07)	−1.323 *** (−7.99)	−0.281 *** (−6.83)	−0.145 *** (−7.42)
技术创新	0.177 ** (2.89)	0.130 (1.92)	1.218 *** (4.91)	0.329 *** (3.48)
常数项	0.899 *** (11.75)	1.698 *** (10.01)	0.939 *** (5.42)	0.725 *** (15.74)
观测数	570	209	152	209
R^2	0.4512	0.5367	0.5504	0.7195

注：括号内为 t 值，** 、 *** 分别表示5%、1%的水平上显著。

结合第五章作用机理分析，自愿参与型环境规制通过外部压力推动和内部成本节约影响碳排放绩效，中国生态环境保护主要依靠"自上而下"的国家强制性干预，"自下而上"的主动参与机制尚未形成，完善的环境监控预警机制尚未建立，企业和公众的环保意识和整体参与感有待加强。公众参与环境规制的程度较低，不达标企业被查处的概率相对变小，公众对低碳产品的接受程度并不普及，通过公众监督及企业自觉提升碳排放绩效的方法受到一定的局限，需要配合命令控制型与市场激励型环境规制共同实施。

（四）总体环境规制对碳排放绩效的作用影响

选取总体环境规制作为解释变量，根据模型（6.1），得到计量结果如表6.10

所示。从全国层面看，总体环境规制的回归系数为 0.210，且在 5% 水平上显著，总体环境规制强度每上升 1 单位，碳排放绩效将提升 0.210，总体环境规制能够显著促进全国碳排放绩效水平的提升。进一步，对比总体环境规制对碳排放绩效的影响系数与三类异质性环境规制对碳排放绩效的影响系数可知，总体环境规制的影响效应大于单个环境规制对碳排放绩效的影响效应，结合第四章内容，总体环境规制对碳排放绩效的作用影响是异质性环境规制综合作用引起的，并且异质性环境规制的组合运用，能够提高单一环境规制对碳排放绩效的影响效应。

表 6.10　　　　　　　总体环境规制对碳排放绩效影响结果

变量	全国	东部地区	中部地区	西部地区
总体环境规制	0.210 **	0.146 *	0.748 ***	0.100 *
	(3.32)	(2.38)	(6.44)	(2.16)
经济发展水平	0.126 *	0.194 *	0.226 *	0.067 ***
	(2.41)	(2.39)	(2.22)	(11.79)
城镇化水平	−1.360 ***	−1.862 ***	−1.475 ***	−1.620 ***
	(−11.30)	(−9.32)	(−5.22)	(−14.82)
对外开放度	−0.103 *	−0.010	−0.384 **	−0.141
	(−2.19)	(−0.17)	(−2.92)	(−1.97)
产业结构	0.645 ***	1.575 ***	0.541 **	0.358 ***
	(5.18)	(5.84)	(3.34)	(5.61)
能源结构	−0.133 **	−1.342 ***	−0.119 *	−0.145 ***
	(−2.62)	(−8.01)	(−2.16)	(−7.67)
技术创新	0.188 **	0.136 *	1.607 ***	0.496 ***
	(3.09)	(1.98)	(7.05)	(3.93)
常数项	0.950 ***	1.713 ***	0.278	0.650 ***
	(12.18)	(9.23)	(1.51)	(11.46)
观测数	570	209	152	209
R^2	0.5541	0.5299	0.6446	0.7448

注：括号内为 t 值，*、**、*** 分别表示 10%、5%、1% 的水平上显著。

从区域层面看，总体环境规制对东中西部地区碳排放绩效均具有显著促进作用，但影响大小存在差异，其系数分别为 0.146、0.748 和 0.100。这表明中部地区总体环境规制对碳排放绩效的影响最大，主要原因是中部地区正处于能源驱动型经济发展阶段，其碳排放绩效水平对环境规制强度的变化更加敏感；其次是东部地区，最小的是西部地区，东部地区整体处于能源驱动型经济发展模式向知识驱动型经济发展模式转变阶段，其碳排放绩效水平对环境规制变化的敏感性低于中部地区；而西部地区经济发展水平与东中部地区有较大差距，受环境规制影响较小。

从控制变量来看，结果显示：（1）经济发展水平的系数均显著为正，即经济增长对碳排放绩效的提升起促进作用，说明经济增长所带来的发展效应大于其引起的碳排放效应；（2）城镇化水平的系数显著为负，即城镇化水平的提高对碳排放绩效存在负向影响，城镇化进程带来高耗能基建产业快速发展引发碳排放量增加；（3）对外开放度的系数均为负，说明外商直接投资对碳排放绩效存在"污染避难所"效应，其中，东部地区和西部地区不显著，这从侧面证实了外商投资企业倾向于向高能耗、高污染行业投资，而东部地区经济发展较发达，西部地区经济发展较落后，受外商直接投资的影响较小，中部地区处于能源驱动型经济发展阶段，受影响程度较大；（4）产业结构的系数显著为正，即产业结构升级对碳排放绩效起正向作用，说明附加值高、能源消耗少、污染程度轻的第三产业的发展，在实现经济增长的同时也能减少二氧化碳的排放，提升碳排放绩效；（5）能源结构的系数显著为负，即能源结构的提升对碳排放绩效起负向影响，煤炭消费占能源消费总量的比重越高，经济发展所引致的碳排放量越大；（6）技术创新的系数显著为正，即技术创新能够促进碳排放绩效的提升，说明技术创新，尤其是节能减排技术水平的提高，能够在促进经济增长的同时降低碳排放量。

（五）异质性分析

（1）东部地区。基于表6.7、表6.8、表6.9可知，命令控制型环境规制、市场激励型环境规制对东部地区碳排放绩效的影响系数显著为正，分别为0.181、0.255；自愿参与型环境规制对碳排放绩效的影响系数为0.178，且不显著。这说明对于经济发展水平、城镇化水平、对外开放度较高，产业结构、能源结构相对优化，技术相对先进的东部地区，市场激励型环境规制的碳减排作用最大，其次为命令控制型环境规制。

（2）中部地区。基于表6.7、表6.8、表6.9可知，命令控制型环境规制对中部地区碳排放绩效的影响系数显著为正，为0.365；市场激励型环境规制对中部地区碳排放绩效的影响系数显著为负，为 - 0.150；自愿参与型环境规制的影响系数为0.057，且不显著。这说明对于能源驱动型经济发展模式的中部地区，命令控制型环境规制的作用效果最为突出。

（3）西部地区。基于表6.7、表6.8、表6.9可知，命令控制型环境规制对西部地区碳排放绩效的影响系数显著为正，为0.058；市场激励型环境规制对西部地区碳排放绩效的影响系数显著为正，为0.157；自愿参与型环境规制的影响系数为0.079，且不显著。这说明对于经济发展水平较为落后的西部地区，市场激励型环境规制对碳排放绩效的推动作用更为显著。

（4）全国范围。基于表6.7、表6.8、表6.9可知，命令控制型环境规制对全国碳排放绩效的影响系数显著为正，为0.107；市场激励型环境规制对全国碳排放绩效的影响系数显著为正，为0.129；自愿参与型环境规制的影响系数为0.056，且不显著。从全国范围看，环境规制对碳排放绩效的作用影响表现为：市场激励型环境规制 > 命令控制型环境规制 > 自愿参与型环境规制。

在经济较为发达地区和经济相对落后地区，相比于行政命令手段，市场激励型环境规制通过经济手段对碳排放绩效的长期激励作用更加有效；在能源驱动型经济发展阶段，命令控制型环境规制通过行政命令强制执行，对碳排放绩效的作用更为显著；仅依靠自愿参与型环境规制，而不使用命令控制型环境规制和市场激励型环境规制不利于碳排放绩效的提升。该结论为制定合理的环境规制政策提供参考依据，为推动碳排放绩效水平的提升、"双碳"目标的实现提供理论支撑。

四、稳健性检验

为保证前述研究结论的稳健性，本书采用了两种方法对结果进行验证。首先，采取替代被解释变量的方式，选取碳排放量为被解释变量，检验环境规制与碳排放量的关系；其次，用工具变量法替代固定效应模型，检验环境规制与碳排放绩效的关系。

（一）替换变量指标

把碳排放绩效变量替换为碳排放量，分别对碳排放量和总体环境规制、命令控制型环境规制、市场激励型环境规制、自愿参与型环境规制进行全国层面的回归，结果如表6.11所示，横坐标变量名称代表模型的解释变量。

表6.11　　　　　　　　　替换变量的稳健性检验

变量	总体型	命令控制型	市场激励型	自愿参与型
总体环境规制	−0.925 *** (−0.424)			
命令控制型环境规制		−0.362 *** (−4.33)		
市场激励型环境规制			−0.194 * (−2.18)	
自愿参与型环境规制				−0.153 (−0.74)
常数项	1.482 *** (5.12)	1.492 *** (6.30)	1.914 ** (6.22)	1.503 *** (6.32)
控制变量	控制	控制	控制	控制
观测数	570	570	570	570
R^2	0.7041	0.7158	0.7150	0.7149

注：括号内为t值，*、**、***分别表示10%、5%、1%的水平上显著。

由结果可知，总体环境规制对碳排放量的作用显著为负，说明总体环境规制强度的提高会抑制碳排放量的增加，进而提高碳排放绩效水平，同理，命令控制型环境规制和市场激励型环境规制对碳排放量的作用显著为负，同样通过抑制碳排放量提升了碳排放绩效水平，而自愿参与型环境规制对碳排放量的作用为负且不显著，对碳排放量有抑制作用，但作用不显著。与前面的基准回归结果一致，研究结论稳健。

（二）工具变量法

为避免核心解释变量存在内生性，进而导致估计结果出现偏差。本书采用工具变量法重新估计核心解释变量对碳排放绩效的影响。由于非观测因素对当年具有影响，而对前一年甚至前两年、前三年影响较小，与随机干扰项相关性较低，因此选择核心解释变量的滞后一期到滞后三期作为工具变量（齐绍洲等，2015[202]）。

回归结果如表6.12所示，横坐标变量名称代表模型的解释变量。在克服内生性问题后，核心解释变量对碳排放绩效的作用均在10%水平上显著为正，与前面分析吻合，因此前面结论具有良好的稳健性。

表6.12　　　　　　　　　　　　工具变量法回归结果

变量	总体型	命令控制型	市场激励型	自愿参与型
总体环境规制环境规制	0.102* (2.67)			
命令控制型环境规制		0.390*** (4.41)		
市场激励型环境规制			0.095*** (3.98)	
自愿参与型环境规制				0.187** (2.83)
常数项	0.406*** (8.46)	0.233*** (5.00)	0.727** (6.60)	0.184** (3.17)
控制变量	控制	控制	控制	控制
观测数	480	480	480	480
R^2	0.5261	0.5184	0.5623	0.5602

注：括号内为t值，*、**、***分别表示10%、5%、1%的水平上显著。

第三节

面板门槛模型结果分析

一、环境规制的门槛效应检验

由于历史、区位、经济基础和政策环境等方面的原因，中国区域间环境规制、经济发展水平、能源禀赋以及碳排放水平均存在较大差异。由基准回归可知，环境规制对碳排放绩效具有显著影响，但该影响效果在不同地区、不同环境规制类型下存在差异。根据第四章的理论分析可知，环境规制对碳排放绩效的影响存在一个"度"的问题，当环境规制强度低于某一水平时，其对碳排放绩效的影响作用较小，当环境规制强度大于这一水平时，其对碳排放绩效的影响效果增大，但当环境规制强度过大时，可能会产生"锁定效应"，降低对碳排放绩效的影响。那么，环境规制对碳排放绩效的影响是否具有非线性特征？是否存在一个最优的环境规制区间？为回答上述问题，本书采用面板门槛模型检验环境规制与碳排放绩效之间的非线性关系。

（一）命令控制型环境规制的门槛效应检验

1. 门槛效应检验及门槛值估计

采用 Stata 软件对模型（6.2）进行实证分析，在进行回归前需要以设立不同门槛数的方式来对门槛值进行抽样，以命令控制型环境规制作为门槛变量，以命令控制型环境规制为核心解释变量，以碳排放绩效为被解释变量，分区域对门槛变量不存在门槛值、存在一个门槛值、存在两个门槛值以及存在三个门槛值分别进行估计，借助 Hansen 的"自助法"，通过反复抽样 400 次从而得出检验统计量对应的 P 值，判断是否存在门槛效应。

门槛检验结果如表 6.13 所示。全国区域，命令控制型环境规制单一门槛检验通过了 5% 的显著性水平，门槛值为 0.6842；东部地区，通过了单一门槛检验，门槛值为 0.7372；中西部地区，未通过门槛检验，该地区不存在门槛效应。

表 6.13　　　　　　　　　命令控制型环境规制门槛确定

区域	门槛类型	P 值	门槛值	95% 置信区间
全国	单一门槛	0.0040	0.6842	[0.6840, 0.6962]
东部地区	单一门槛	0.0380	0.7372	[0.6711, 0.7433]

数据来源：根据 Stata15.0 的计算结果整理。

2. 门槛效应回归结果分析

表 6.14 报告了命令控制型环境规制门槛模型参数估计结果。全国范围，当

命令控制型环境规制强度小于等于 0.6842 时，其对碳排放绩效的影响系数为 0.1607，且显著，此时命令控制型环境规制对碳排放绩效起促进作用；当命令控制型环境规制强度大于 0.6842 时，相关系数为 -0.0947，且显著，其对碳排放绩效起抑制作用。东部地区，当命令控制型环境规制小于等于 0.7372 时，其对碳排放绩效的影响系数为 0.1499，且显著，说明其对碳排放绩效起促进作用；当命令控制型环境规制大于 0.7372 时，其相关系数为 -0.0783，且显著，说明此时命令控制型环境规制对碳排放绩效起抑制作用。

表6.14　　　　　　命令控制型环境规制门槛模型参数估计结果

变量	全国	东部地区
命令控制型_1	0.1607 ***	0.1499 **
	(4.45)	(2.56)
命令控制型_2	-0.0947 *	-0.0783 *
	(-1.77)	(-1.88)
经济发展水平	0.0170 ***	0.0123
	(3.79)	(1.53)
城镇化水平	-1.4433 ***	-1.8982 ***
	(-12.48)	(-9.94)
对外开放度	-0.0108	-0.0330
	(-0.24)	(-0.56)
产业结构	0.6199 ***	1.4584 ***
	(5.06)	(5.49)
能源结构	-0.1517 **	-1.1748 ***
	(-3.08)	(-7.05)
技术创新	0.1605 **	0.1080
	(2.68)	(1.62)
常数项	0.8927 ***	1.698 ***
	(12.07)	(10.01)
观测数	570	209
R^2	0.4790	0.5619

注：括号内为 t 值，*、**、*** 分别表示10%、5%、1%的水平上显著。

结果表明，当环境规制强度小于某一水平时，命令控制型环境规制有利于碳排放绩效的提升，当环境规制强度过大时，反而负向抑制碳排放绩效的提升。政府在实施法律法规或环境标准初期，该措施对碳排放具有一定的约束效果，激励企业加强技术研发，提高能源利用效率，保障经济发展的同时降低碳排放量。但随着法律法规逐步加强，环境标准逐步提高，政策执行力度更加严格，行业进入壁垒逐渐提高，潜在企业进入难度越来越大，导致行业内企业形成垄断，企业在分享垄断利润时，由于缺乏潜在或新进企业对其垄断利润的威胁，现有企业往往采取消极经营策略，创新积极性削弱，从而会抑制碳排放绩效的提升；同时，过高的环境规制强度可能会产生"锁定效应"，抑制企业提升碳排放绩效的积极性。

（二）市场激励型环境规制的门槛效应检验

1. 门槛效应检验及门槛值估计

以市场激励型环境规制为门槛变量，以市场激励型环境规制为核心解释变量，以碳排放绩效为被解释变量，分区域对市场激励型环境规制变量不存在门槛值、存在一个门槛值、存在两个门槛值以及存在三个门槛值分别进行估计，门槛检验结果如表 6.15 所示。全国区域，市场激励型环境规制通过了单一门槛检验，门槛值为 0.3209；东部地区，其通过了单一门槛检验，门槛值为 0.3458；中西部地区，未通过门槛检验，说明该区域不存在门槛效应。

表 6.15　　　　　　　市场激励型环境规制门槛确定

区域	门槛类型	P 值	门槛值	95% 置信区间
全国	单一门槛	0.0740	0.3209	[0.2802, 0.3362]
东部地区	单一门槛	0.0000	0.3458	[0.3301, 0.3706]

数据来源：根据 Stata15.0 的计算结果整理。

2. 门槛效应回归结果分析

表 6.16 报告了市场激励型环境规制门槛模型参数估计结果。全国范围，当市场激励型环境规制强度小于等于 0.3209 时，其对碳排放绩效的影响系数为 0.3653，且显著，此时市场激励型环境规制对碳排放绩效起促进作用；当市场激励型环境规制强度大于 0.3209 时，相关系数为 0.1143，且显著，其对碳排放绩

效起促进作用，但该促进作用变弱。东部地区，当市场激励型环境规制小于等于0.3458时，其对碳排放绩效的影响系数为0.0969，且显著，说明其对碳排放绩效起促进作用；当市场激励型环境规制大于0.3458时，其相关系数为0.0327，且显著，说明此时市场激励型环境规制对碳排放绩效起促进作用，但该促进作用变弱。

表6.16　　　　　市场激励型环境规制门槛模型参数估计结果

变量	全国	东部地区
市场激励型_1	0.3653 **	0.0969 ***
	(4.12)	(5.25)
市场激励型_2	0.1143 *	0.0327 **
	(1.95)	(2.49)
经济发展水平	0.0155 ***	0.0245 ***
	(3.49)	(3.30)
城镇化水平	-1.4224 ***	-1.8898 ***
	(-12.24)	(-10.17)
对外开放度	-0.0046	-0.0378
	(-0.10)	(-0.67)
产业结构	0.6631 ***	1.7577 ***
	(5.43)	(7.15)
能源结构	-0.1428 **	-1.3585 ***
	(-2.79)	(-8.82)
技术创新	0.1795 **	0.2347 **
	(2.99)	(2.01)
常数项	0.8032 ***	1.2850 ***
	(8.84)	(6.87)
观测数	570	209
R^2	0.4721	0.6170

注：括号内为 t 值，* 、** 、*** 分别表示10%、5%、1%的水平上显著。

当市场激励型环境规制小于某一水平时，其有利于碳排放绩效的提升，随着市场激励型环境规则强度的不断增强，该促进作用反而减弱。市场激励型环境规制开始通过"看不见的手",引导企业进行低碳技术创新,减少碳排放量,但随着规制强度的不断提升,技术创新的突破难度增加,需要投入更多的研发资金,才能实现技术革新,增加了碳减排成本,反而降低了其对碳排放绩效的促进作用。

(三) 自愿参与型环境规制的门槛效应检验

以自愿参与型环境规制为门槛变量,以自愿参与型环境规制为核心解释变量,以碳排放绩效为被解释变量,分区域对自愿参与型环境规制变量不存在门槛值、存在一个门槛值、存在两个门槛值以及存在三个门槛值分别进行估计。自愿参与型环境规制在全国范围和东中西区域内,均未通过门槛检验,说明自愿参与型环境规制不存在门槛效应,这从侧面证实了自愿参与型环境规制对碳排放绩效的影响并不显著,仅依靠公众环保意识的提高,难以有效约束企业的碳排放行为。

(四) 总体环境规制的门槛效应检验

1. 门槛效应检验及门槛值估计

以总体环境规制为门槛变量,以总体环境规制为核心解释变量,以碳排放绩效为被解释变量,分区域对门槛变量不存在门槛值、存在一个门槛值、存在两个门槛值以及存在三个门槛值分别进行估计,门槛检验结果如表6.17所示,全国范围,单一门槛和双重门槛均通过了10%的显著性水平检验,存在双重门槛,门槛值为0.1902、0.5520;东部地区存在双重门槛,门槛值为0.1673、0.3760;中部地区通过了单一门槛检验,门槛值为0.5565;西部地区通过了单一门槛检验,门槛值为0.2630。

表6.17　　　　　　　　　　总体环境规制门槛确定

区域	门槛类型	P 值	门槛值	95% 置信区间
全国	单一门槛	0.0576	0.1902	[0.1864, 0.1935]
	双重门槛	0.0900	0.1902	[0.1864, 0.1935]
			0.5520	[0.5483, 0.5522]

续表

区域	门槛类型	P 值	门槛值	95%置信区间
东部地区	单一门槛	0.0120	0.1673	[0.1607, 0.1801]
	双重门槛	0.0860	0.1673	[0.1607, 0.1801]
			0.3760	[0.3360, 0.3847]
中部地区	单一门槛	0.0000	0.5565	[0.5528, 0.5571]
西部地区	单一门槛	0.0269	0.2630	[0.2595, 0.2690]

数据来源：根据Stata15.0的计算结果整理。

2. 门槛效应回归结果分析

表6.18报告了总体环境规制门槛模型参数估计结果。全国范围，当总体环境规制强度小于等于0.1902时，其对碳排放绩效的影响系数为0.4005，且显著，此时总体环境规制对碳排放绩效起促进作用；当总体环境规制强度大于0.1902，小于等于0.5520时，相关系数为0.1562，且显著，其对碳排放绩效起促进作用，该促进效果变弱；当总体环境规制强度大于0.5520时，相关系数为0.0716，其对碳排放绩效仍起促进作用，该促进效应继续减弱。

表6.18　　　　　　　　总体环境规制门槛模型参数估计结果

变量	全国	东部地区	中部地区	西部地区
总体环境规制_1	0.4005 ***	0.7108 ***	0.8529 ***	0.1529 ***
	(4.48)	(3.68)	(7.58)	(3.53)
总体环境规制_2	0.1562 **	0.2591 *	0.6296 ***	0.0826 *
	(2.10)	(1.71)	(5.60)	(1.94)
总体环境规制_3	0.0716 *	0.0152 *		
	(1.89)	(1.81)		
经济发展水平	0.0114 **	0.0210 **	0.0312 **	0.0799 ***
	(2.56)	(2.68)	(3.22)	(14.59)
城镇化水平	-1.3344 ***	-1.945 ***	-1.7544 ***	-1.7266 ***
	(-11.46)	(-9.47)	(-6.61)	(-17.39)
对外开放度	-0.0880	-0.0011	-0.1611	-0.2172 ***
	(-0.20)	(-0.02)	(-1.29)	(-3.30)

续表

变量	全国	东部地区	中部地区	西部地区
产业结构	0.7862 ***	1.6199 ***	0.4974 **	0.3053 ***
	(6.41)	(6.29)	(3.24)	(5.26)
能源结构	-0.1057 **	-1.1676 ***	-0.0645	-0.1365 ***
	(-2.08)	(-6.89)	(-0.68)	(-7.69)
技术创新	0.1636 **	0.1388 **	0.5906 ***	0.2616 **
	(2.75)	(2.52)	(4.42)	(3.10)
常数项	0.6634 ***	1.5086 ***	0.4412 **	0.7031 ***
	(7.36)	(8.16)	(2.56)	(13.56)
观测数	570	209	152	209
R^2	0.4865	0.5810	0.6894	0.7929

注：括号内为 t 值，* 、** 、*** 分别表示 10%、5%、1% 的水平上显著。

东部地区，当总体环境规制强度小于等于 0.1673 时，其对碳排放绩效的影响系数为 0.7108，且显著，说明其对碳排放绩效起促进作用；当总体环境规制强度大于 0.1673，小于等于 0.3760 时，其相关系数为 0.2591，且显著，此时对碳排放绩效起促进作用，但该促进作用减弱；当总体环境规制强度大于 0.3760 时，其相关系数为 0.0152，且显著，此时其对碳排放绩效的促进作用进一步降低。

中部地区，当总体环境规制强度小于等于 0.5565 时，其与碳排放绩效的相关系数为 0.8529，且显著，说明其对碳排放绩效起促进作用；当总体环境规制强度大于 0.5565 时，其相关系数为 0.6296，且显著，此时对碳排放绩效起促进作用，该促进作用逐步减弱。

西部地区，当总体环境规制强度小于等于 0.2630 时，其与碳排放绩效的相关系数为 0.1529，且显著，说明其对碳排放绩效起促进作用；当总体环境规制强度大于 0.2630 时，其相关系数为 0.0826，且显著，此时对碳排放绩效起促进作用，且该促进作用减弱。

总体环境规制对全国以及东中西部地区碳排放绩效的作用影响，分阶段呈现环境规制强度梯度不断提高，其对碳排放绩效的提升作用不断减弱的趋势，考虑到总体环境规制对碳排放绩效的影响效应是异质性环境规制对碳排放绩效影响效应的系统组合，随着环境规制强度的不断提高，企业会因行业壁垒机制引起的垄断效应、"锁定效应"以及成本内化难度大等问题致使企业提升碳排放绩效的动力不足，进而碳排放绩效的提升效应不断减弱。

二、能源禀赋的门槛效应检验

能源消费是碳排放的主要来源。微观上，环境规制主要通过改变企业的生产管理行为，进而改变能源利用效率，影响碳排放水平。然而，企业的用能行为会根据当地的能源禀赋特征进行决策，那么，不同能源禀赋地区，环境规制对碳排放绩效是否存在差异？宏观上，能源禀赋反映了一个国家和地区各种能源的赋存情况，是经济发展的基础。中国能源禀赋品种多样，呈现不均衡分布。一方面拥有较为丰富的能源资源，其中煤炭资源赋存量较多，而石油和天然气资源相对缺乏；另一方面，能源资源分布极不平衡，总体上呈现东少西多、南少北多的特征。根据"资源诅咒"理论，能源禀赋高会促使高耗能产业集聚，抑制当地技术创新，导致能源大量开发，粗放利用，能源利用效率偏低，单位产值的能源消耗量提升，最终增加该区域的碳排放量。环境规制作为降低碳排放量，提升碳排放绩效的有效手段，环境规制能够抑制甚至消除"资源诅咒"吗？能源富集区能够通过有效的环境规制降低碳排放量吗？以上问题的回答，对政府制定区域差异性环境规制政策具有重要意义。为解决上述问题，本书采用面板门槛模型检验是否存在能源禀赋的门槛效应，使环境规制与碳排放绩效之间存在非线性关系。

（一）门槛效应检验及门槛值估计

以能源禀赋为门槛变量，分别以总体环境规制、命令控制型环境规制、市场激励型环境规制和自愿参与型环境规制为核心解释变量，以碳排放绩效为被解释变量，对能源禀赋变量不存在门槛值、存在一个门槛值、存在两个门槛值以及存在三个门槛值分别进行估计，具体门槛检验结果如表 6.19 所示。以总体环境规制为核心解释变量时，能源禀赋通过了单一门槛和双重门槛检验，门槛值为0.0285、0.1021；以命令控制型环境规制作为核心解释变量时，能源禀赋通过了单一门槛检验，门槛值为 0.0935，市场激励型环境规制及自愿参与型环境规制不存在能源禀赋门槛效应。

表 6.19　　　　　　　　　　　能源禀赋门槛值确定

区域	门槛类型	P 值	门槛值	95% 置信区间
总体环境规制	单一门槛	0.0180	0.0285	[0.0277, 0.0588]
	双重门槛	0.0860	0.0285	[0.0277, 0.0588]
			0.1021	[0.1020, 0.1029]
命令控制型环境规制	单一门槛	0.0760	0.0935	[0.0882, 0.0935]

数据来源：根据 Stata15.0 的计算结果整理。

（二）门槛效应回归结果分析

表 6.20 报告了能源禀赋门槛模型参数估计结果。全国范围，当能源禀赋强度小于等于 0.0285 时，总体环境规制对碳排放绩效的影响系数为 0.2263，且显著，此时总体环境规制对碳排放绩效起促进作用；当能源禀赋强度大于 0.0285，小于等于 0.1021 时，相关系数为 0.8558，且显著，总体环境规制对碳排放绩效起促进作用，该促进效果增大；当能源禀赋大于 0.1021 时，相关系数为 0.1349，此时总体环境规制对碳排放绩效仍起促进作用，但该促进作用减弱。

表 6.20　　　　　　　　　　能源禀赋门槛模型参数估计结果

变量	全国	变量	全国
总体环境规制_1	0.2263 ** (2.87)	命令控制型环境规制_1	0.8087 *** (5.56)
总体环境规制_2	0.8558 ** (7.34)	命令控制型环境规制_2	0.0312 ** (2.58)
总体环境规制_3	0.1349 * (1.86)		
经济发展水平	0.0127 ** (2.90)	经济发展水平	0.0059 (1.26)

续表

变量	全国	变量	全国
城镇化水平	−1.3961 *** (−12.37)	城镇化水平	−1.2078 *** (−9.93)
对外开放度	0.0084 (0.19)	对外开放度	−0.0181 (−0.41)
产业结构	0.7199 *** (6.10)	产业结构	0.6747 *** (5.54)
能源结构	−0.1180 ** (−2.39)	能源结构	−0.1488 ** (−3.02)
技术创新	0.1735 ** (2.98)	技术创新	0.1969 *** (3.30)
常数项	0.7362 *** (8.31)	常数项	0.7948 *** (10.41)
观测数	570	观测数	570
R^2	0.4507	R^2	0.3826

注：括号内为 t 值，*、**、*** 分别表示 10%、5%、1% 的水平上显著。

全国范围，当能源禀赋强度小于等于 0.0935 时，命令控制型环境规制对碳排放绩效的影响系数为 0.8087，且显著，此时命令控制型环境规制对碳排放绩效起促进作用；当能源禀赋强度大于 0.0935 时，相关系数为 0.0312，且显著，命令控制型环境规制对碳排放绩效起促进作用，该促进效果减弱。

当能源禀赋值较小时，经济发展所需要的能源资源需要依靠外地输入，企业成本增加，进而企业会更加依赖技术创新，寻求低碳技术的突破，提高能源利用效率，此时，进行环境规制，对经济发展水平和碳排放量的影响效果相对较小，因此碳排放绩效的提升效果较弱；而能源禀赋提高到一定程度后，经济发展主要依靠能源驱动型发展方式，经济增长所带来的碳排放量提高，此时进行环境规制，将很大限度地影响能源密集型企业的发展，显著减少二氧化碳排放量，进而对碳排放绩效的影响程度最大；当能源禀赋特别高时，即该区域为重要的能源生产基地，区域经济发展容易形成能源依赖，地方政府考虑经济发展、财政收入等因素，可能会主观降低环境规制的执行力度，进而导致环境规制对碳排放绩效的促进作用降低。

第四节

本章小结

本章在碳排放测度及影响因素识别和环境规制对碳排放作用机理分析的基础上，选取被解释变量、核心解释变量和控制变量指标，从不同角度运用固定效应模型、面板门槛模型衡量环境规制对碳排放绩效的影响，得到以下结论。

（1）从全国范围看，命令控制型环境规制、市场激励型环境规制和总体环境规制对碳排放绩效均具有显著促进作用；自愿参与型环境规制对碳排放绩效的作用不显著，主要原因是现阶段中国生态环境保护主要依靠"自上而下"的国家强制性干预，"自下而上"的主动参与机制尚未形成，完善的环境监控预警机制尚未建立，企业和公众的环保意识和整体参与感还有待加强。

（2）分区域看，环境规制对碳排放绩效的影响存在显著区域异质性。其中，命令控制型环境规制对中部地区影响最为显著，其次为东部地区和西部地区，这是因为中部地区正处于能源驱动型经济发展阶段，能源密集型产业占比高，命令控制型环境规制通过其强制执行力，对中部地区高污染、高耗能产业进行约束，效果最为显著；市场激励型环境规制对东部地区影响最为显著，其次为西部地区，对中部地区的碳排放绩效影响为负，东部地区市场化程度高，而中部地区目前作为高耗能产业发展的重要区域，市场激励型环境规制对碳排放绩效的促进作用可能被"污染避难所"效应所抵消，其对碳减排的作用效应小于其对经济发展的阻碍效应，进而导致中部地区碳排放绩效的降低；总体环境规制的作用影响从大到小依次为中部地区、东部地区和西部地区。

（3）环境规制存在门槛效应，其对碳排放绩效的作用影响随着环境规制强度不同而发生变化，并在不同区域范围内差异明显。命令控制型环境规制的强度超过门槛值，其对碳排放绩效的促进作用转变为抑制作用；市场激励型环境规制的强度超过门槛值，其对碳排放绩效的提升作用减弱；总体环境规制对碳排放绩效的强度超过门槛值，其对碳排放绩效的促进作用减弱。这说明环境规制强度在合理区间内对碳排放绩效的提升作用最大，超过一定范围，其对碳排放绩效的促进作用降低。

（4）能源禀赋存在门槛效应，环境规制对碳排放绩效的作用影响随着能源禀赋强度不同而发生变化。能源禀赋较低的区域，环境规制对碳排放绩效具有促进作用，能源禀赋强度提高到一定范围内，该促进作用加大，而禀赋强度大于这一范围，其促进作用减弱。能源禀赋较小，经济发展所需要的能源资源需要依靠外地输入，增加企业成本，企业会寻求低碳技术的突破，提高能源利用效率，此时，环境规制的影响效果相对较小；而能源禀赋提高到一定程度后，经济发展主要依靠能源驱动型发展方式，此时进行环境规制，将很大限度地影响能源密集型企业的发展，显著减少二氧化碳排放量，对碳排放绩效的影响程度最大；当能源禀赋特别高时，该区域经济发展容易形成能源依赖，地方政府考虑经济发展、财政收入等因素，可能会主观降低环境规制的执行力度，进而导致环境规制对碳排放绩效的促进作用降低。

第七章

基于合成控制法的具体环境规制
政策碳减排效果分析

碳交易机制作为重要的减排举措，以其作为研究对象，评估具体环境规制政策对碳排放绩效的影响，是对基准回归结果和门槛模型回归结果的补充和完善。首先，对碳交易机制进行概述；其次，运用合成控制法评估碳交易机制对碳排放绩效的影响；再次，运用安慰剂检验对合成控制法的有效性进行检验；最后，基于 PSM – DID 方法验证结论的稳健性。

第一节

碳交易机制概述

能源驱动型的经济发展模式促使中国迅速成为全球最大的碳排放国，环境问题已成为制约中国经济可持续发展的关键影响因素。为实现"双碳"目标，中国付出了巨大努力，其中包括引入碳交易机制。作为环境规制的手段之一，碳交易机制能够通过市场经济手段推动能源技术升级和产品升级，弥补行政命令式政策的局限性，进而实现碳减排目的。运用合成控制法，研究碳交易机制对碳排放绩效的政策冲击，是对环境规制碳减排实证分析结果的印证、补充和完善。

碳交易机制来源于排放权交易制度（ETS），是《京都议定书》正式提出的减排政策之一，也是《联合国气候变化框架公约》的补充条款。买卖双方通过签订合同或协议，一方用资金或技术购买另一方的温室气体减排指标，进而产生了碳交易市场或温室气体排放权交易市场[203]。习近平主席主持召开中央财经委员会第九次会议，研究实现碳达峰、碳中和的基本思路和主要举措，提出要完善绿色低碳政策和市场体系，加快推进碳排放权交易。

经国家发改委批准，中国于 2011 年选取北京、天津、上海、深圳、湖北、广东、重庆七个省市作为碳交易试点省市，并于 2013 年陆续实施碳排放交易政策，区域性碳排放交易正式启动，成为规模仅次于欧盟碳交易体系的全球第二大碳交易市场；2017 年 12 月，《全国碳排放权交易市场建设方案（发电行业）》印发，碳排放交易工作进一步推进；2020 年 12 月 25 日，《碳排放权交易管理办法（试行）》由生态环境部审议通过，自 2021 年 2 月 1 日起施行，实现了全国碳排放交易体系工作的又一突破。

第二节

合成控制法概述

基准回归模型和门槛效应模型是基于评价指标进行的回归分析，具体评价某一项环境规制政策对碳排放绩效的影响，更能补充完善实证分析的结果。而碳交易机制作为市场激励型环境规制政策之一，是实现碳资源的最优配置、节能减排、降低全社会减排成本和推动低碳技术创新的有效措施。由于覆盖面积窄、实施时间短，用传统的回归分析方法进行碳减排效应评估，无法将模型中存在的混杂因素排除在外，易造成估计偏误。而合成控制法根据历史数据计算最优权重，有效克服了该问题，因此，本书选择合成控制法评估碳交易机制对试点省市碳排放绩效的影响。

2003 年，Abadie 和 Gardeazabal 提出的合成控制法，其基本思想是：根据已有的数据和目标单元构建一个"反事实"的对照单元，对比政策实施后的目标单元与对照单元的差别评估政策效果[204]。将碳交易试点省市定义为实验组，选择其他未受到碳交易机制影响的省市为控制组，通过预测变量的数据处理确定控制组线性组合的最优权重，拟合出一个在碳交易机制实施前与实验组主要特征相似的反事实合成控制省市，通过比较碳交易试点省市与合成控制省市在碳交易机制实施后的碳排放绩效差异，评估碳交易机制的影响效果。

假设能够收集到（K+1）个省市在 $t \in [1, T]$ 期内的碳排放绩效数据，其中第 i 个省市在 $T_0 (1 \leq T_0 \leq T)$ 实施了碳交易机制，为实验组；其他 K 个省市均未实施碳交易机制，为控制组。C_{it}^I 表示省市 i 在时间 t 受到碳交易机制影响的碳排放绩效，C_{it}^N 表示省市 i 在时间 t 未受到碳交易机制影响的碳排放绩效。令 $\alpha_{it} = C_{it}^I - C_{it}^N$ 表示碳交易机制对第 i 个省市在时间 t 所带来的碳排放绩效变化，D_{it} 表示是否为碳交易试点省市的虚拟变量，若省市 i 在时间 t 实施了碳交易机制，则该变量为 1，否则为 0。那么，省市 i 在时间 t 的碳排放绩效水平为 $C_{it} = C_{it}^N + D_{it}\alpha_{it}$。对于控制组国家，整个时期内，$C_{it} = C_{it}^N$；对于实验组国家，$\alpha_{it} = C_{it}^I - C_{it}^N = C_{it} - C_{it}^N$。本书研究目标为碳交易机制对碳排放绩效的变化值，即 α_{it}，C_{it}^I 为已知的碳交易机制影响后碳排放绩效值，C_{it}^N 是无法观测的。采用 Abadie 等[205] 提出的因子模型来估计 C_{it}^N。

$$C_{it}^N = \delta_t + \theta_t Z_i + \lambda_t \mu_i + \varepsilon_{it} \qquad (7.1)$$

其中，δ_t 是时间趋势，Z_i 是可观测到的（$r \times 1$）维的不受碳交易机制影响的控制变量，θ_t 是（$1 \times r$）维未知参数向量，λ_t 是无法观测到的（$1 \times F$）维公共因子向量，μ_i 是不可预测的（$F \times 1$）维省市固定效应，ε_{it} 是不能预测到的短期冲击，均值为 0。对控制组省市加权来模拟实验组的特征是求解 C_{it}^N 的解决方案。假设第一个省市（i = 1）实施了碳交易机制，其余 K 个省市（i = 2，…，K+1）均未受到碳交易机制的影响。通过预测变量求出一个（K+1）维权重向量 $W^* = (w_2^*, \cdots, w_{k+1}^*)$，满足对任意的 k，$w_k \geq 0$ 且 $w_2 + \cdots + w_{k+1} = 1$。对于碳交易机制影响地区，向量 W 代表潜在的合成控制组合，组合中每一个 w_k 代表控制组省市对实验组省市的合成控制贡献率，因此，合成控制的结果变量为：

$$\sum_{k=2}^{K+1} w_k C_{it} = \delta_t + \theta_t \sum_{k=2}^{K+1} w_k Z_k + \lambda_t \sum_{k=2}^{K+1} w_k \mu_k + \sum_{k=2}^{K+1} w_k \varepsilon_{kt} \qquad (7.2)$$

假定存在 $(w_2^*, \cdots, w_{k+1}^*)$，使得：

$$\sum_{k=2}^{K+1} w_k^* C_{k1} = C_{11}, \cdots \sum_{k=2}^{K+1} w_k^* C_{kT_0} = C_{1T_0}, \text{并且} \sum_{k=2}^{K+1} w_k^* Z_k = Z_1 \qquad (7.3)$$

若 $\sum_{t=1}^{T_0} \lambda'_t \lambda_t$ 非奇异，那么有：

$$C_{it}^N - \sum_{k=2}^{K+1} w_k^* C_{kt} = \sum_{k=2}^{K+1} w_k^* \sum_{s=1}^{T_0} \lambda_t \left(\sum_{i=1}^{T_0} \lambda'_t \lambda_t \right)^{-1} \lambda'_s (\varepsilon_{ks} - \varepsilon_{1s}) - \sum_{k=2}^{K+1} w_k^* (\varepsilon_{kt} - \varepsilon_{1t})$$

$$(7.4)$$

Abadie 等证明，在一般条件下，如果政策前的时间段比碳交易机制实施的时间范围长，则式（7.4）的左边趋近于 0。因此，在碳交易机制实施后可以用 $\sum_{k=2}^{K+1} w_k^* C_{kt}$ 作为 C_{it}^N 的无偏估计，从而得到碳交易机制影响效果 a_{1t} 的估计值：

$$\hat{a}_{1t} = C_{1t} - \sum_{k=2}^{K+1} w_k^* C_{kt}, t \in [T_0 + 1, \cdots T]$$

$$(7.5)$$

第三节

碳交易机制减排作用分析

一、碳交易机制试点省市碳排放绩效水平

为分析碳交易机制试点省市的碳排放绩效水平变化趋势，绘制北京、天津、上海、湖北、广东（含深圳）、重庆等试点省市碳排放绩效水平变化趋势图。如图 7.1 所示，6 个试点省市的碳排放绩效水平存在显著差异，整体呈上升趋势。北京、上海和重庆的碳排放绩效水平呈现稳步增长态势，其中，重庆碳排放绩效水平一直低于其他试点省市；天津和湖北碳排放绩效水平呈现波动式上升趋势；广东一直处于全国碳排放绩效水平的前沿位置，其碳排放绩效值围绕"1"上下波动。在 2013 年前，碳排放绩效水平上升幅度较为平缓，2013年后，上升速度明显加快，这在一定程度上反映了碳交易机制对碳排放绩效的提升作用。

仅根据碳排放绩效的走势变化难以有力证明碳交易机制对碳排放绩效水平的促进作用，且其影响程度难以量化。因此，下面将基于合成控制法构建政策评估模型来衡量碳交易机制对各个试点省市碳排放绩效水平的影响效果。

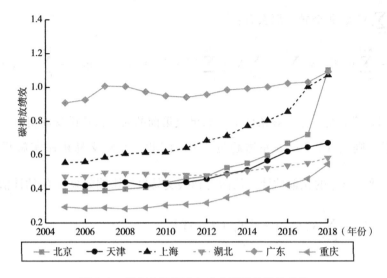

图 7.1 碳交易机制试点省市碳排放绩效趋势

二、碳交易机制作用影响

　　通过前面碳排放的影响因素研究发现，碳排放绩效与经济发展水平、城镇化水平、对外开放度、产业结构、能源结构以及技术创新指标具有显著关联关系。为此，选取以上指标作为合成控制法的预测变量。以碳排放绩效水平作为目标变量。除深圳市外，试点地区均为省或直辖市，因此，为了统一研究范畴，将深圳市合并到广东省。碳交易试点省市北京、天津、上海、湖北、广东和重庆，作为实验组，其余非试点省份作为控制组。选取 2013 年，作为政策实施年份，中国30 个省区市为研究样本，不包括港澳台和西藏。针对碳交易机制试点省市，采用 2005~2013 年的预测变量拟合反事实合成控制省市。通过合成控制法的数据处理，得到构成实验组省市的权重向量。由此形成了试点省市真实碳排放绩效值和控制组通过权重拟合出的合成碳排放绩效值。

　　通过 Stata 软件处理，得到合成北京由浙江（0.481）、青海（0.325）和四川（0.194）构成。具体碳排放绩效拟合结果如图 7.2 所示，实线表示北京真实碳排放绩效值，虚线表示合成北京碳排放绩效值，垂直虚线表示碳交易机制实施的年份，即 2013 年。北京在碳交易机制实施前，实线与虚线基本重合，碳排放绩效差值较小，拟合程度高。真实北京的碳排放绩效值于 2011 年已经高于合成北京，其原因在于北京市作为国家政治中心，能够更早地接收相关信息，借助其区位优势开展相关调整。而碳交易机制实施后，北京的真实碳排放绩效值始终大于其合成碳排放绩效值，且真实北京与合成北京的碳排放绩效差值逐年增大，说明碳交易机制显著促进了北京碳排放绩效水平的提高。

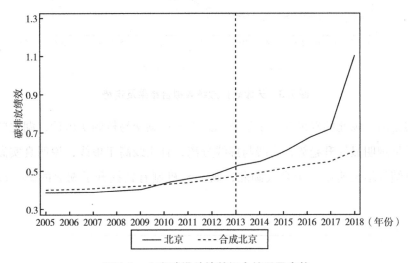

图 7.2　北京碳排放绩效拟合结果及走势

合成天津由浙江（0.639）、江苏（0.225）、福建（0.110）和辽宁（0.026）构成，具体碳排放绩效拟合结果如图 7.3 所示。天津在碳交易机制实施前实线与虚线重合度高，拟合效果好。碳交易机制实施后，实线与虚线分离，真实天津与合成天津的差值增大，这主要归功于碳交易机制的影响，说明碳交易机制对天津的碳排放绩效增长具有正向效应。2012 年真实天津的碳排放绩效值已经略高于合成天津，这是由于受北京市的影响，天津市提前进行了碳排放量的调整。2013 ~ 2018 年，真实天津与合成天津之间的碳排放绩效差值呈现波动式增长的趋势，说明碳交易机制的实施促进了天津市碳排放绩效水平的提升。

合成湖北由浙江（0.747）、湖南（0.194）和黑龙江（0.059）构成，具体碳排放绩效拟合结果如图 7.4 所示。湖北在碳交易机制实施前实线和虚线具有较高的重合度，表明碳交易机制实施前真实湖北与合成湖北没有显著差异。碳交易

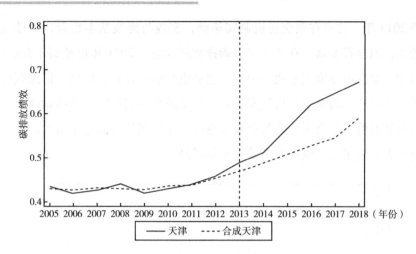

图7.3　天津碳排放绩效拟合结果及走势

机制实施前，湖北的碳绩效水平呈波动式增长；碳交易机制实施后，湖北的碳绩效水平呈现明显提升趋势，实线与虚线分离，且实线高于虚线，说明真实湖北的碳排放绩效增长速度高于合成湖北，碳交易机制有效提升了湖北的碳排放绩效水平。

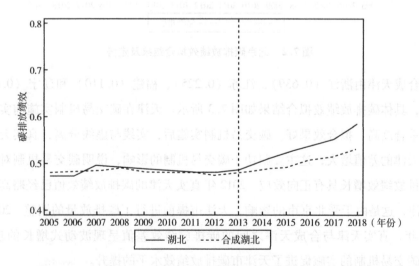

图7.4　湖北碳排放绩效拟合结果及走势

合成重庆由浙江（0.522）、宁夏（0.417）、贵州（0.052）和吉林（0.009）构成，具体碳排放绩效拟合结果如图7.5所示。重庆在碳交易机制实施前实线和虚线同样具有较高的重合度，拟合效果理想，能够较好地反映碳交易机制实施后的效果。2013 年前，重庆碳排放绩效水平提升速度较为缓慢，碳交易机制实施后，重庆碳排放绩效水平的增长速度明显提升，真实重庆的碳排放绩效值大于合成重庆，而实线与虚线分离，该碳排放绩效差值逐年增大，表明碳交易机制的实施提升了重庆碳排放绩效水平。

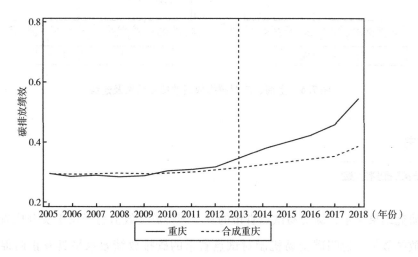

图 7.5 重庆碳排放绩效拟合结果及走势

合成上海由福建（0.492）、江苏（0.322）和浙江（0.186）构成；合成广东由福建（0.627）和浙江（0.373）构成，具体碳排放绩效拟合结果如图 7.6 所示。上海和广州在碳交易机制实施前虚线和实线差距较大，拟合效果不理想。其主要原因在于上海和广东分别是长三角、珠三角的核心城市，其经济发展水平、对外开放度、城镇化水平等均居全国前列，其碳排放绩效同样处于全国前沿水平，难以用其他省市的数据对其进行拟合。而拟合结果从侧面显示，真实上海和真实广东的碳排放绩效水平均高于合成上海和合成广东，这也一定程度上证实了碳交易机制的实施对上海和广东的碳排放绩效水平具有提升作用。

碳交易机制对试点省市碳排放绩效水平的影响效果存在区域异质性。其中，碳交易机制对北京碳排放绩效水平的影响效果最大，其次为重庆、天津和湖北，这是由经济发展水平、能源禀赋、对外开放度、产业结构等因素存在差异所致。

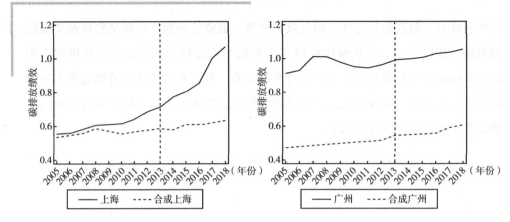

图7.6 上海、广州碳排放绩效拟合结果及走势

第四节

安慰剂检验

研究结果显示，碳交易试点省市的真实碳排放绩效值高于反事实合成省市的碳排放绩效值，说明碳交易机制对试点省市的碳排放绩效水平具有正向促进作用。为进一步检验评估效果在统计意义上是否显著，本书借鉴 Abadie 等提出的安慰剂检验对上述研究结果进行有效性检验。安慰剂检验能够有效判断导致真实省市与合成省市存在差值的原因是碳交易机制因素还是其他偶然因素。

安慰剂检验的基本思路是：对控制组的所有省市，分别假定其与实验组省市在相同的年份实施了相同的碳交易机制，然后分别运用合成控制法对其做同样的拟合，如果得到所有控制组省市的碳排放绩效差值（GAP 值）均小于试点省市的 GAP 值，表明碳交易机制对实验组省市碳排放绩效水平促进作用的结果有效；反之，则表明分析结果无效。基于以上思路，本书对控制组省市进行了反事实拟合分析，碳交易机制实施前的 GAP 值过大，拟合效果不好，不能验证其有效性，因此删除大于北京、天津、湖北和重庆 2 倍平均预测误差的省市，最后检验结果如图 7.7 所示。其中，黑色曲线代表试点省市 GAP 值，灰色曲线代表符合条件的控制组省市 GAP 值。北京、天津、湖北和重庆的碳交易机制影响效果均大于其他非试点省市，表明控制组要得到与实验组相同的效果是小概率事件，从统计学意义上证明了碳交易机制对碳排放绩效水平的促进作用是显著且有效的。

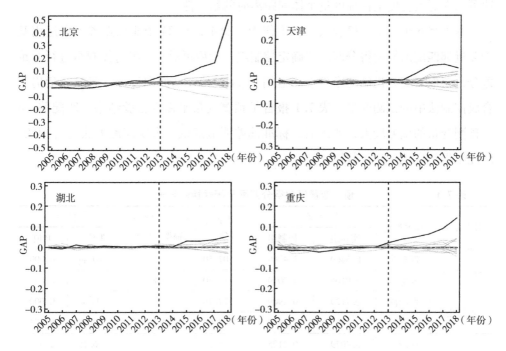

图 7.7　碳交易机制试点省市安慰剂检验

第五节

稳健性检验

为了论证碳排放机制的碳减排效应，本书采用倾向得分匹配和双重差分相结合的方法（PSM－DID）来研究结果进行稳健性检验。PSM－DID 方法的基本思路：在控制组（没有实施碳交易机制的省市）中找到某个省市 j，使其与实验组（实施了碳交易机制）中的试点省市 i 的观测值大致相似，当实验组中的省市 i 各自的特征对是否实施碳排放权交易试点的作用可以由可观测的控制变量来完全决定时，省市 j 与 i 实施碳交易机制的概率大致相同，即可通过比较估计碳交易机制对碳排放绩效的作用影响。实施碳交易机制之前，如果控制组和实验组不符合平行趋势假设就会使 DID 模型的估计结果产生误差，而匹配估计量正好能够很好地解决这个问题。倾向得分匹配法是取值位于 0~1 之间的一维变量，因此，根据各省市的特征对实验组和控制组进行个体的相关匹配时，利用倾向得分匹配法可以在更大程度上保证度量个体间距离时的稳定性。

本书将 6 个碳交易机制试点省市作为实验组，在 24 个非试点省市中运用基于 k 近邻匹配的倾向得分匹配法确定控制组，然后再对实验组与控制组进行双重差分，获取碳交易机制的净效应。运用 Logit 模型评估倾向得分，匹配变量仍为合成控制法中的预测变量。表 7.1 报告了预测变量平衡性检验结果。匹配前，6 个预测变量的偏差较大，匹配后，标准偏差明显降低，说明匹配方法是合理的，匹配结果较好地平衡了数据。

表 7.1 预测变量倾向得分匹配平衡性检验结果

控制变量	样本类别	均值		标准偏差（%）	标准偏差降低幅度（%）	t 检验	
		实验组	控制组			T 值	P 值
经济发展	匹配前	6.3469	3.4768	107.50		10.44	0.000
	匹配后	3.9106	4.0019	-3.40	96.84	-0.21	0.837
城镇化	匹配前	0.7129	0.4909	177.70		17.4	0.000
	匹配后	0.5498	0.5610	-8.90	94.99	-0.57	0.574
对外开放度	匹配前	0.4079	0.2125	74.20		6.19	0.000
	匹配后	0.2394	0.3251	11.50	84.50	0.74	0.457
产业结构	匹配前	0.5292	0.4092	117.60		12.56	0.000
	匹配后	0.4273	0.4233	3.90	96.68	0.31	0.756
能源结构	匹配前	0.4261	0.7404	-145.30		-10.23	0.000
	匹配后	0.5355	0.5529	-8.10	94.42	-0.66	0.514
技术创新	匹配前	0.2920	0.1354	66.10		5.76	0.000
	匹配后	0.1740	0.1962	-9.40	85.77	-0.34	0.735

数据来源：根据 Stata15.0 计算结果整理。

图 7.8 为样本匹配前和匹配后的核密度图，更加直观地说明了匹配结果的有效性。匹配前实验组和控制组的变化趋势差异较大，匹配后实验组和控制组的变化趋势基本一致，倾向得分核密度曲线基本重合，说明匹配是有效的。匹配后的样本满足了 DID 模型的"共同支撑"假设。

表 7.2 显示了基于 PSM-DID 方法估计的碳交易机制对碳排放绩效的影响。

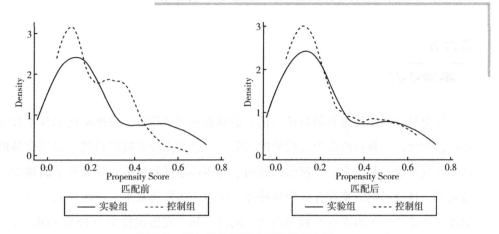

图 7.8 倾向得分匹配前后核密度曲线

模型 1 和模型 2 未控制时间效应，其中，模型 1 未加入控制变量，模型 2 加入控制变量；模型 3 和模型 4 控制了时间效应，模型 3 未加入控制变量，模型 4 加入控制变量。DID 为碳交易机制的虚拟变量，是试点省市虚拟变量和碳交易机制实施时间虚拟变量的乘积，若省份 i 在时期 t 已经实施碳交易机制，则该变量为 1，否则为 0。该虚拟变量的系数表示碳交易机制对碳排放绩效的影响程度。模型 1、模型 2、模型 3 和模型 4 的 DID 系数为 0.1308、0.0965、0.0803 和 0.0413，均显著为正，说明碳交易机制提升了试点省市的碳排放绩效水平，与合成控制法结论一致，碳交易机制提升碳排放绩效的结论具有稳健性。

表 7.2 碳交易机制对碳排放绩效影响估计结果

变量	模型 1	模型 2	模型 3	模型 4
DID	0.1308 *** (3.24)	0.0965 ** (2.64)	0.0803 * (2.29)	0.0413 * (2.13)
常数项	0.5165 *** (30.09)	0.2769 ** (3.19)	0.5813 *** (21.17)	−0.3632 (−1.08)
控制变量	未控制	控制	未控制	控制
时间效应	否	否	是	是
地区效应	是	是	是	是
观测数	570	570	570	570
R^2	0.5412	0.6367	0.5445	0.5685

注：括号内为 t 值，*、**、*** 分别表示 10%、5%、1% 的水平上显著。

第六节

本章小结

　　碳交易机制作为重要的减排举措，能够通过市场经济手段推动能源技术升级和产品升级，弥补行政命令式政策的局限性，进而实现碳减排目的。以碳交易机制为研究对象，基于合成控制法，证明了具体环境规制政策有效提升了碳排放绩效水平，且该影响效果存在区域异质性，这由经济发展水平、能源禀赋、对外开放度、产业结构等因素存在差异所致。同时，基于安慰剂检验和 PSM – DID 方法论证了结论的有效性和稳健性。该结果引证补充了环境规制对碳排放绩效的实证分析结果。

第八章

环境规制的碳减排路径及优化

前面实证检验了命令控制型环境规制、市场激励型环境规制、自愿参与型环境规制以及总体环境规制对碳排放绩效的影响效果，利用数理统计的方法从结果变量出发，分析结果变量发生的前因变量有哪些，并验证前因变量的统计显著性。而定性比较分析方法（QCA）利用离散数学的方法分析哪些前因条件的组合能够导致结果变量的发生。为了更加明确环境规制及各个影响因素与碳排放绩效之间的因果关系，以及各因素之间的组合促进作用，本章运用 QCA 方法深入探索环境规制的碳减排路径。通过对比遗传算法（GA）、粒子群算法（PSO）以及遗传—粒子群混合算法（GA－PSO），最终选择遗传—粒子群混合算法优化 BP 神经网络，构建碳减排路径优化模型，对 QCA 的组态路径结果进行仿真模拟，分区域探索最优的环境规制碳减排路径，为各地区环境规制政策制定提供决策依据。

第一节

环境规制的碳减排路径

一、QCA 方法

Ragin 于 1987 年为解决社会学问题，首次提出了以案例为导向的定性比较分析方法（Qualitative Comparative Analysis，QCA）[206]。该方法在创立之初主要运用于政治学和社会学等学科。2007 年，Fiss[207] 将 QCA 方法用于解决构建模型视角的实证研究难题，自此，该方法广泛应用于管理学领域。QCA 方法以集合为基础，通过"组态"方法，将"并发因果关系"假设取代了单个因素对结果产生影响的假设，充分考虑了各个影响因素之间关系的复杂性[208]，打破了传统回归分析的孤立视角。碳减排实现是一个复杂的系统，其影响因素与碳排放绩效之间的关系在实证分析章节已经得到系统论证，但影响因素之间的不同组合是否会影响作用效果，对该问题的回答需要从组态整体的视角出发，分析多重影响因素对碳排放绩效的作用路径。基于此，本节运用 QCA 方法，解决环境规制碳减排的组态路径问题。

QCA 主要包括传统的清晰集定性比较分析（csQCA）、多值集定性比较分析（mvQCA）和模糊集定性比较分析（fsQCA）。相较于 csQCA 和 mvQCA，fsQCA 可以处理类别问题，也可处理程度问题，能够更加精确地刻画各个变量的状态，使研究结果更加客观、可信。结合研究对象，本书选择 fsQCA 作为环境规制碳减排路径的研究方法。

二、变量选择与校准

QCA 方法通过探索条件变量与结果变量之间的集合关系来揭示因果，因此，必须将原始数据转换成集合隶属分数，才能使原始数据具有可解释的集合意义，该过程称为校准。本书使用客观分位数值的方法来确定 3 个定性锚点的位置，参考 Greckhamer[209]（2016）和谭海波等[210]（2019）的方法，使用结果与条件的 95%、50% 和 5% 分位数值分别作为完全隶属、转折点和完全不隶属的 3 个定性锚点。

结合本书研究内容，对环境规制碳减排路径进行分析。结果变量选取 2016～2018 年的碳排放绩效，条件变量选取 2016～2018 年的总体环境规制、经济发展水平、城镇化水平、对外开放度、产业结构、能源结构和技术创新。具体衡量指标与第五章实证分析相同，此处不再赘述。

三、必要条件分析

在进行模糊集真值表构建分析前，进行必要性分析不可或缺。通过 fsQ-

CA3.0 软件的分析，环境规制碳减排路径的必要条件分析结果如表 8.1 所示。各个条件变量的一致性均低于临界值 0.9。这说明，没有条件变量是构成结果变量的必要条件，需要探索环境规制碳减排的路径组态。

表 8.1　　　　　　　　环境规制碳减排路径的必要性检测

条件变量	一致性	覆盖度
环境规制	0.6495	0.5751
~环境规制	0.6524	0.6513
经济发展水平	0.8333	0.8205
~经济发展水平	0.5373	0.4816
城镇化水平	0.8113	0.8299
~城镇化水平	0.5648	0.4895
对外开放度	0.8179	0.8142
~对外开放度	0.4890	0.4340
产业结构	0.7282	0.7602
~产业结构	0.6159	0.5249
能源结构	0.5046	0.5136
~能源结构	0.8634	0.7516
技术创新	0.7701	0.8551
~技术创新	0.5690	0.4624

注：~表示条件欠缺，数据由作者计算整理所得。

四、真值表分析

真值表方法基于确定条件变量所有逻辑上可能的组合进行分析。一致性分数等于或大于临界值的条件变量组合被指定为结果变量的模糊子集，小于临界值的条件变量组合不构成模糊子集。一般来说，临界值不应小于 0.75，对于宏观数据，临界值应大于等于 0.85[211]。为保证研究结果严谨，本书选取一致性临界值为 0.85。

根据模糊集的定性比较分析，可以得出三种结果：没有使用逻辑余项的复杂解；使用所有逻辑余项的简约解；根据研究者理论和实际知识，使用具有意义的逻辑余项的中间解。因为复杂解是按照变量设置而呈现的结果，可能非常复杂。简约解是根据结果变量出现的强弱而产生的结果，是核心条件变量，但可能与实际情况存在偏差。中间解纳入了与理论和实际知识一致的逻辑余项，在简约解和复杂解之间取得了平衡。根据所得数据结果构建出环境规制的碳减排路径，如表8.2 所示。

表8.2 环境规制的碳减排路径

条件变量	市场有效		市场失灵		
	路径1	路径2	路径3	路径4	路径5
环境规制			●	●	●
经济发展水平	●	●	⊗	●	
城镇化水平	●	●	⊗	●	⊗
对外开放度	●	●			●
产业结构	●		⊗	●	⊗
能源结构		⊗	⊗	⊗	⊗
技术创新	●	●	●	●	●
一致性	0.9933	0.9395	0.9154	0.9922	0.9923
原始覆盖度	0.4923	0.3270	0.3509	0.3621	0.3038
唯一覆盖度	0.1530	0.0092	0.0251	0.0275	0.0137
总体解的一致性	0.8483				
总体解的覆盖度	0.6852				

注：●表示条件变量出现，⊗表示条件变量不出现。大圈表示核心条件，小圈表示边缘条件，空格表示条件变量无关紧要（即可以出现也可以不出现），数据由作者计算整理所得。

如表8.2所示，本书归纳出了环境规制碳减排的5种组态路径。环境规制碳减排的每种路径组态的一致性均大于0.80，且总体解的一致性为0.8483，说明5种组态路径都是碳减排结果的充分条件，均能够提升碳排放绩效。模型解的覆盖度为0.6852，表明5种条件组态可以解释68.52%的碳排放绩效提升，条件变量在很大程度上解释了碳排放绩效的原因。

综合分析计算结果，将5种组态路径划分为两大类，一类为市场有效环境下的碳减排路径，包含路径1和路径2，表示在市场有效的环境下，政府不需要参与调控，市场可以实现自我调节，经济即可向好发展，实现经济与环境的协调发展；另一类为"市场失灵"环境下的碳减排路径，包括路径 3、路径 4 和路径 5，表示在"市场失灵"的环境下，仅依靠市场的自我调节，难以实现经济的有序发展，需要政府宏观调控，实施环境规制，进而实现经济与环境的协调发展。

路径 1，侧重产业结构自我调节型碳减排路径（经济发展水平×城镇化水平×对外开放度×产业结构×技术创新）。这表示人均 GDP 连续提升、城镇化水平不断攀升、外商直接投资逐年增加、服务业比重稳步增加、技术创新不断进步，将导致碳排放绩效的提升。根据碳排放绩效的定义可知，经济发展水平提升，代表了有效产出增加，必然会推动碳排放绩效提升。城镇化水平提升，致使人口集聚，能源消费的规模效应可导致人均能耗减少，降低非期望产出二氧化碳的排放量，实现碳排放绩效的提升。外商直接投资额增加，在一定程度上增加了国外先进技术的技术转移和技术溢出效应，通过技术创新提升碳排放绩效水平。服务业比重增加，代表高能源消费的第二产业比重下降，能源消费量下降，碳排放绩效提升。该组态更侧重产业结构的优化调整，而能源结构可有可无。在该路径下，环境规制的碳减排作用不明显，市场自我调节能力较高，处于市场有效状态，无需政府参与宏观调控，即可保证碳排放绩效的提升。

路径 2，侧重能源结构自我调节型碳减排路径（经济发展水平×城镇化水平×对外开放度×能源结构缺席×技术创新）。这表示人均 GDP 连续提升、城镇化水平不断攀升、外商直接投资逐年增加、煤炭消费占比不断下降、技术创新不断进步，将导致碳排放绩效的提升。该路径更侧重能源结构的优化调整，而产业结构可有可无。路径 2 与路径 1 极为相似，均不需要环境规制的约束，仅依靠市场调控，即可实现碳排放绩效的提升。

路径 3，市场完全"失灵"环境下政府调控碳减排路径（环境规制×经济发展水平缺席×城镇化水平缺席×产业结构缺席×能源结构缺席×技术创新）。这表示环境规制强度不断提高、经济发展不景气、城镇化进程低、服务业发展较为缓慢、煤炭消费占比不断提升、技术创新不断进步，此时将导致碳排放绩效的提升。在经济发展不景气、城镇化进程慢、服务业比重较低、煤炭消费占比不断提升的情况下，市场经济已接近完全"失灵"状态，仅靠市场自我调节难以达到经济与环境协调发展。在此背景下，政府参与经济调控，通过环境规制工具倒逼产业结构、能源结构优化调整,通过推动节能技术创新,加快技术溢出,促进低碳经济快速发展,进而实现碳排放绩效的提升。

路径4,供给侧结构性改革政府调控碳减排路径(环境规制×经济发展水平×城镇化水平×产业结构×能源结构缺席×技术创新)。这表示环境规制强度不断提高、人均 GDP 连续提升、城镇化水平不断攀升、服务业比重稳步增加、煤炭消费占比不断下降、技术创新不断进步,将导致碳排放绩效的提升。该路径经济发展水平保持较快发展,城镇化水平显著提高,服务业发展水平较高,在此背景下,政府进行环境规制,积极参与宏观调控,弥补"市场失灵"缺陷,推动产业转型升级、优化能源结构,进一步推动经济与环境协调发展,助力"双碳"目标的实现。

路径5,煤炭资源型地区政府调控碳减排路径(环境规制×城镇化水平缺席×对外开放度×产业结构缺席×能源结构缺席×技术创新)。这表示环境规制强度不断提高、城镇化进程较慢、外商直接投资额持续增加、服务业发展较为缓慢、煤炭消费比重不断提升、技术创新不断进步,将导致碳排放绩效的提升。该路径表明城镇化水平进程放缓、服务业占比过低、煤炭消费比重过高时,需要通过政府宏观调控,才能克服"市场失灵"现象。该路径与中国煤炭生产基地情况相似,过度依靠煤炭资源,形成典型的煤基产业体系,因煤炭成本低、易获得,致使该地区形成以煤为主的能源结构,经济发展依靠能源密集型工业拉动,仅依靠市场自我调节,难以转变能源驱动型经济发展模式。同时,煤炭资源型地区人口多集聚于开采地附近,抑制了城镇化进程。在该情形下,政府要主动利用环境规制工具积极参与宏观调控,弥补"市场失灵"缺陷,提升碳排放绩效水平。

五、稳健性检验

借鉴 Meuer 等[212](2015)与张明等[213](2019)的研究,本书采取提高一致性水平的方法对结果进行稳健性检验。在保持其他处理方法不变的基础上,将条件组态分析的一致性阈值由 0.85 调整到 0.90。理论上,提高一致性阈值后,纳入最小化分析的真值表行将减少,最终得到新组态会是调整之前组态的子集。

环境规制碳减排路径的稳健性检验具体结果如表 8.3 所示，与表 8.2 对比后发现，总体一致性水平提高到 0.9078，表 8.3 中的组态为表 8.2 中组态的子集，证明本书的研究结论具有稳健性。

表 8.3　　　　　　　　　环境规制碳减排路径的稳健性检验

条件变量	组态 1	组态 2	组态 3
环境规制		●	●
经济发展水平	●	⊗	●
城镇化水平	●	⊗	●
对外开放度	●		
产业结构	●	⊗	●
能源结构		⊗	⊗
技术创新	●	●	●
一致性	0.9934	0.9152	0.9935
原始覆盖度	0.4612	0.3658	0.3575
唯一覆盖度	0.1543	0.0297	0.0261
总体解的一致性	0.9078		
总体解的覆盖度	0.5412		

数据来源：作者计算整理所得。

第二节

环境规制的碳减排路径优化

通过 QCA 分析已知环境规制的碳减排组态路径。但由于中国幅员辽阔，各地区间的经济发展水平、能源禀赋、技术水平等存在差异，不同地区的路径选择是否相同，本节通过构建碳减排路径优化模型进行分析。以 MATLAB 软件为建模仿真平台，根据结果变量和条件变量数据，在对 BP 神经网络、GA 算法、PSO 算法以及 GA - PSO 算法进行对比分析的基础上，运用 GA - PSO 混合算法优化 BP 神经网络，构建碳减排路径优化模型，并根据情景设定，分区域探索最优的环境规制碳减排路径。

一、路径优化方法介绍

（一）BP 神经网络

人工神经网络（Artifical Neural Network，ANN），是基于模仿大脑神经网络结构和功能而建立的数学模型，广泛应用于模式识别、智能机器人、自动控制、预测估计、生物、医学、经济等领域[214]。神经网络属于高度复杂的非线性动态系统，模拟生物神经系统的结构、功能和信息以及数据的处理方式，由大量的神经元（处理单元）通过不同形式连接。其中，BP 神经网络是人工神经网络中的经典模型，应用最为广泛。

BP 神经网络（Back Propagation Neural Network）是一种多层前向神经网络，其核心思路是借助反向传播学习算法不断优化网络权重和阀值，使预测结果满足要求。BP 神经网络的网络结构包括输入层、输出层和隐含层。输入层和输出层个数均设置为一个，中间隐含层的个数可以是一个也可以是多个。目前针对中间隐含层个数的选择没有统一的标准，但众多研究结果表明，多个隐含层的设定并没有显著提升预测效果，而隐含层层数的增加会加大训练过程的时间消耗，因此，本书选择构造单隐含层神经网络。

BP 神经网络的实现主要分为两部分：第一部分，输入样本正向传播。样本数据从神经网络的输入层依次传递至输出层，并得到输出结果。第二部分，输出误差反向传播。该误差为网络输出结果与预期目标结果之间的差异，通过反向传递误差的方式，对权值和阈值进行逐层调整和修改。BP 神经网络在训练时，以上两个部分是重复交替、循环进行的，直至系统误差满足设定的要求，或神经网络训练次数达到最大值，学习过程结束。具体过程如图 8.1 所示。

BP 神经网络实现了一个从输入层到输出层的映射功能，其具有完整的理论基础，在环境预测领域的应用也一直是热点。BP 神经网络具有强大的非线性映射能力，分布式存储，自行学习、自适应，大规模并行处理，容错能力强等特点。但 BP 神经网络依然存在一定缺陷，如收敛速度过慢，容易陷入局部最优，

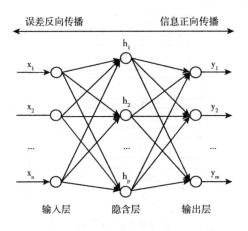

图 8.1　神经网结构

结构选择效率低，泛化能力差，训练过程经常出现"过拟合"等问题。因此，BP 神经网络逐步发展出了改进优化算法。

（二）遗传算法（GA）

遗传算法（Genetic algorithm，GA）是在自然选择和基因遗传学原理的基础上发展，以随机选择方法进行全局寻优的算法。遗传算法借鉴生物进化过程中的淘汰机制，将要优化的数学参数按照一定规制编码形成种群个体，利用数学方法构建的适应度函数对种群中的个体进行评价，从群体中选择出适应度较高的个体进入下一次计算过程，剔除适应度值较低的个体，如此反复，种群适应度值不断增加，最终得到最优解[215]。遗传算法的具体步骤如图 8.2 所示。

遗传算法是一种全局优化算法，具有良好的全局搜索能力，不易陷入局部极值点；其以群体为操作对象，可以同时对多个体进行计算，具有并行性，流程简单，计算速度快，具有良好的可扩展性，可与其他算法混合运用。然而，遗传算法仍存在一些不足，如其局部搜索能力不理想、单纯遗传算法效率不高等。

（三）粒子群算法（PSO）

粒子群算法（Partical Swarm Optimization，PSO）是受鸟群觅食中探究最佳路线方法的启示，而提出的一种优化算法[216]。粒子群算法通过设计粒子模拟鸟群中的鸟，也代表待求解问题的一个潜在解。在飞行过程中，每个粒子通过自身的

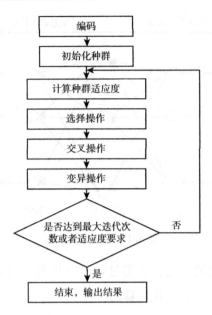

图 8.2　遗传算法基本流程

经验以及群体的经验来不断调整自身的速度和位置，经过不断的迭代和搜索，最终到达最优解。

　　粒子位置更新方式如图 8.3 所示。粒子的每次迭代都会根据两个"极值"来调整自己。一个为个体极值 pbest，是粒子自身寻找到的最优解；另一个为全局极值 gbest，为群体寻找到的最优解[217]。

　　粒子群算法的具体步骤如图 8.4 所示。粒子群算法是一个全局搜索策略，具有很强的局部搜索能力，其收敛速度快，参数设置较少，通用性很强，实现过程

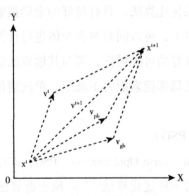

图 8.3　粒子位置更新示意

简单。但粒子群算法也存在一定的缺陷，如其参数选取比较困难、易出现种群早熟收敛的现象等。

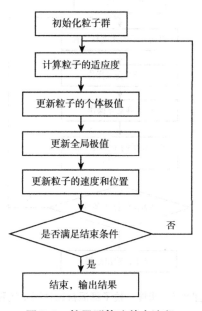

图 8.4　粒子群算法基本流程

（四）遗传—粒子群混合算法（GA－PSO）

遗传算法和粒子群算法都基于种群进化的原理，实现对全局最优解的搜索，其差异在于迭代方法的不同。遗传算法主要是通过交叉、变异算子操作实现迭代，而粒子群算法主要通过对个体的速度和位置的更新来实现迭代。

遗传—粒子群混合算法是将遗传算法的遗传操作算子引入粒子群算法中，形成的混合算法[218]。遗传算法具有很强的全局搜索能力和优化性能，能够对所求问题解空间内的多个点进行同时搜索，但其存在局部的精细寻优能力较差、不具有记忆性等不足。粒子群算法具有良好的记忆性、算法结构简单、收敛速度较快等优点，但可能会遇到种群早熟收敛的问题。鉴于遗传算法的可拓展性，将遗传算法的遗传操作算子引入粒子群算法中，在粒子群的迭代过程中对粒子的位置向量和速度向量分别进行交叉操作和变异操作，该混合算法有利于保持种群的多样性，同时有助于种群跳出局部极值点，从而极大地提高种群的搜索性能。遗传—粒子群混合算法的具体过程步骤如图 8.5 所示。

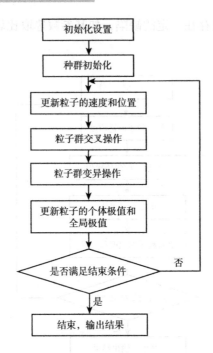

图8.5　遗传—粒子群混合算法基本流程

二、基于 GA – PSO – BP 神经网络的碳减排路径优化模型构建

由于 BP 神经网络存在收敛速度较慢、容易陷入局部的极值点、训练过程经常出现"过拟合"等缺点，本书运用遗传—粒子群混合算法改进 BP 神经网络，以最小化 BP 神经网络对学习样本的输出误差为目的，来优化权值和阈值参数，可以有效加快算法的收敛速度，解决早熟收敛的问题。混合算法有效结合了遗传算法和粒子群算法的优点，提高了 BP 神经网络性能。GA – PSO – BP 神经网络的流程如图8.6所示。

（一）数据准备与预处理

1. 数据选择与处理

选取命令控制型环境规制、市场激励型环境规制、自愿参与型环境规制、经济发展水平、城镇化水平、对外开放度、产业结构、能源结构和技术创新作为输

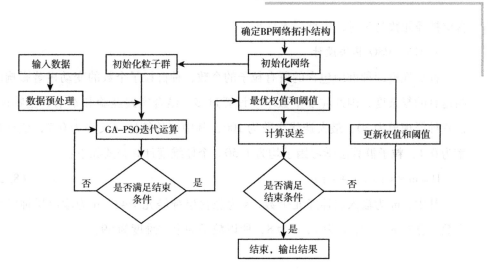

图 8.6 GA - PSO - BP 神经网络流程

入信息，碳排放绩效作为输出信息，输入层和输出层的神经元个数分别为 9 和 1。模型模拟区间为 2000～2018 年，将 2000～2016 年的历史数据作为训练数据，2017～2018 年历史数据作为测试数据。

2. BP 神经网络设计

设定模型隐含层神经元激励函数（传递函数）为 S 型函数 tansig；输出层神经元激励函数采用线性函数 purelin；训练函数为 trainlm，即训练算法为 LM（Levenberg - Marquardt）算法，其为结合梯度下降法与高斯牛顿法的一种改进算法，该算法主要是在高斯牛顿算法的基础上加入一个变量因子，当因子较大时，LM 算法接近最速下降法，当因子较小时，LM 算法接近高斯牛顿法。选取 LM 算法作为训练算法，对于解决传统 BP 神经网络收敛速度慢、易陷入局部最优等缺陷十分有效，使训练后连接权值和阈值精确度更高。最大迭代次数为 1000，期望误差为 0.001，学习率为 0.1。设置为单隐含层网络，隐含层神经元个数根据下列公式计算：

$$s = \sqrt{m + n} + \alpha \tag{8.1}$$

其中，s 为隐含层神经元个数，m 为输入层神经元个数，此模型为 9，n 为输出层神经元个数，此模型为 1，α 取 1 到 10 之间的整数。保持网络中其他参数和结构不变，分别对隐含层 5～14 神经元个数的模型进行逐一测试，最终确定当隐含层神经元数为 8 时，模型误差最小。

3. GA - PSO 算法设计

种群规模即种群中包含的所有粒子的个数，种群粒子个数的变动显著影响网络运算的复杂度，因此粒子个数不应设置过多，结合实践经验和本书数据特征，设置种群规模为 30，最大迭代次数为 100，其中遗传算法交叉率为 0.7，变异概率为 0.1，粒子群算法学习因子均为 1.50。个体维度计算公式如下：

$$D = m \times s + s \times n + s + n \tag{8.2}$$

其中，m 为输入层神经元个数，s 为隐含层神经元个数，n 为输出层神经元个数，已知 m 为 9，n 为 1，s 为 8，所以粒子的个体维度为 89。

（二）模型检验

在完成对神经网络中系统参数的设定后，运用 MATLAB 软件，利用训练数据分别对 BP、GA - BP、PSO - BP 和 GA - PSO - BP 模型进行编程、调试，根据训练结果优化系统参数和编程逻辑结构，确保模型能够反映碳排放绩效的实际情况。分别对四个模型的预测结果进行汇总，因篇幅问题，仅列出 2018 年 30 个省区市的预测结果，如表 8.4 所示，全部训练集预测结果见附录 3。

表 8.4　　　　　　　　2018 年碳排放绩效预测数据统计分析

省份	真实值	BP 预测值	GA - BP 预测值	PSO - BP 预测值	GA - PSO - BP 预测值
北京	1.1034	0.8248	0.6769	0.7953	0.9272
天津	0.6720	0.4132	0.8693	0.5209	0.6693
河北	0.3230	0.4385	0.4228	0.4491	0.3932
山西	0.2491	0.1465	0.1477	0.3101	0.1531
内蒙古	0.2997	0.1794	0.2273	0.2726	0.2687
辽宁	0.4407	0.4385	0.4900	0.4088	0.4361
吉林	0.4313	0.2605	0.3652	0.3327	0.2659
黑龙江	0.4814	0.4220	0.4153	0.3633	0.3506
上海	1.0721	0.7406	0.8586	0.8312	0.9789
江苏	0.6265	0.6730	0.5882	0.6208	0.6936
浙江	0.6007	0.6362	0.6140	0.4566	0.6306

续表

省份	真实值	BP 预测值	GA - BP 预测值	PSO - BP 预测值	GA - PSO - BP 预测值
安徽	0.4094	0.4128	0.3087	0.4225	0.4151
福建	0.5920	0.4366	0.5555	0.5530	0.5388
江西	0.4386	0.4997	0.4374	0.4385	0.4802
山东	0.4647	0.4057	0.5194	0.4661	0.5045
河南	0.3671	0.3160	0.4231	0.4560	0.4273
湖北	0.5835	0.5119	0.4765	0.5422	0.5333
湖南	0.4739	0.5382	0.5372	0.5049	0.5473
广东	1.0923	1.0667	1.1460	0.8665	0.8351
广西	0.3431	0.2269	0.3668	0.3011	0.3364
海南	0.3999	0.4423	0.3961	0.4919	0.4406
重庆	0.5469	0.3857	0.5089	0.3637	0.4494
四川	0.4857	0.4382	0.4166	0.3942	0.4045
贵州	0.2254	0.1181	0.2338	0.2368	0.1971
云南	0.2878	0.2171	0.4009	0.3169	0.4018
陕西	0.3410	0.2902	0.2230	0.3429	0.2717
甘肃	0.2892	0.1506	0.3510	0.1721	0.2201
青海	0.1719	0.2266	0.2841	0.2753	0.3497
宁夏	0.1364	0.1050	0.2034	0.2172	0.1208
新疆	0.2102	0.1712	0.2756	0.2093	0.2065

注：根据计算结果整理所得。

为了评价预测效果的准确性以及预测模型的优劣性，本书选用均方误差（MSE）和平均绝对百分比误差（MAPE）进行评价。具体公式如下：

$$MSE = \frac{1}{N} \sqrt{\sum_{i=1}^{N} (x_i - \hat{x}_i)^2} \tag{8.3}$$

$$MAPE = \frac{1}{N} \sum_{i=1}^{N} \left| \frac{x_i - \hat{x}_i}{x_i} \right| \tag{8.4}$$

其中，N 为样本个数，x_i 为碳排放绩效的真实值，$\hat{x}_i$ 为碳排放绩效的预测值。四个模型的 MSE 以及 MAPE 值如表 8.5 所示。

表8.5　　　　　　　　　　碳减排路径优化模型比较

评价指标	BP	GA – BP	PSO – BP	GA – PSO – BP
MSE	0.0120	0.0092	0.0085	0.0067
MAPE	0.1895	0.1871	0.1704	0.1499

注：根据计算结果整理所得。

由表8.5可知，GA – PSO – BP 神经网络的 MSE 值为 0.0067，GA – PSO – BP 神经网络的 MAPE 值为 0.1499，均为四个模型的最小值，说明无论是权衡平均误差的计算方法，还是抵消正负影响后反映误差实际情况的计算方法，GA – PSO – BP 神经网络表现最优。说明 GA – PSO – BP 神经网络结合了遗传算法和粒子群算法的优点，增强了模型预测的准确性，该方法构建碳减排路径优化模型是合理的。

为了直观对比 BP、GA – BP、PSO – BP 和 GA – PSO – BP 模型的预测结果，对四个模型的碳排放绩效预测值与真实值作比较，结果如图8.7所示。对比四个

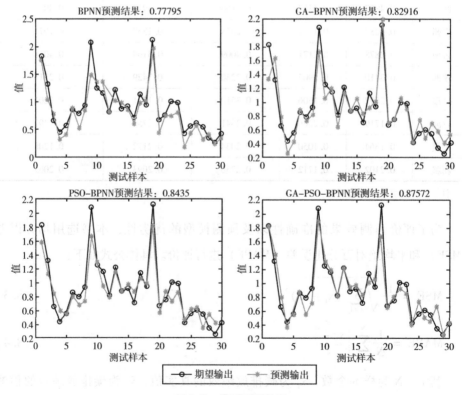

图8.7　模型预测结果

模型的预测输出和期望输出，GA－PSO－BP 神经网路的预测值和期望值更为接近，拟合度最高。决定系数，又称拟合优度，其表征了模型的拟合程度。BP 神经网络模型的决定系数为 0.7780；GA－BP 神经网络的决定系数为 0.8292；PSO－BP 神经网络模型的决定系数为 0.8435；GA－PSO－BP 神经网络的决定系数为 0.8757，该决定系数的值最大，再次证明该模型拟合程度最好，选用该方法构建碳减排优化模型是科学合理的，具有参考价值。

三、基于 GA－PSO－BP 神经网络的碳减排路径优化模型结果分析

基于前面构建的路径优化模型，对环境规制碳减排的组态路径进行情景设定，通过仿真模拟，对比不同组态路径碳排放绩效值的差异，得到不同地区的环境规制碳减排最优路径。

（一）情景设定

本书采用情景分析法设计中国环境规制碳排放绩效发展情景，根据 QCA 方法得出的结论，分别对每一类组态进行设定。通过组态指标可能的发展趋势设定碳排放绩效情景：一类是基准情景，即把真实的影响因素作为基准；另一类是组态情景，在基准情景的基础上，调整每一条组态里的条件变量，设定其提高或降低一定比例，或保持不变，进而形成多种影响因素变化的组合。对比组态情景和基准情景的碳排放绩效水平，寻找最优路径组态。这有利于中国环境规制碳减排路径的全方位分析，以便更高效地探索路径优化策略。

（1）路径 1（经济发展水平×城镇化水平×对外开放度×产业结构×技术创新）。

侧重产业结构自我调节型碳减排路径，在历史数据的基础上，将经济发展水平、城镇化水平、对外开放度、产业结构和技术创新 5 个条件变量数据提升 10%，以表示提高该条件变量值，其他条件变量保持不变，以此作为组态路径 1 的情景设置。

（2）路径 2（经济发展水平×城镇化水平×对外开放度×能源结构缺席×技术创新）。

侧重能源结构自我调节型碳减排路径，在历史数据的基础上，将经济发展水平、城镇化水平、对外开放度和技术创新4个条件变量数据提升10%，将能源结构数据降低10%，调整组态变量值，其他条件变量保持不变，以此作为组态路径2的情景设置。

（3）路径3（环境规制×经济发展水平缺席×城镇化水平缺席×产业结构缺席×能源结构缺席×技术创新）。

市场完全"失灵"环境下政府调控碳减排路径，鉴于该组态环境规制为总体环境规制，结合本节构建的神经网络模型，设定异质性环境规制指标统一提高相同比例以表示总体环境规制的提升。在历史数据的基础上，将命令控制型环境规制、市场激励型环境规制、自愿参与型环境规制和技术创新4个条件变量数据提升10%，将经济发展水平、城镇化水平、产业结构和能源结构4个条件变量数据降低10%，其他条件变量保持不变，以此作为组态路径3的情景设置。

（4）路径4（环境规制×经济发展水平×城镇化水平×产业结构×能源结构缺席×技术创新）。

供给侧结构性改革政府调控碳减排路径，在历史数据的基础上，将命令控制型环境规制、市场激励型环境规制、自愿参与型环境规制、经济发展水平、城镇化水平、产业结构和技术创新7个条件变量数据提升10%，将能源结构变量数据降低10%，其他条件变量保持不变，以此作为组态路径4的情景设置。

（5）路径5（环境规制×城镇化水平缺席×对外开放度×产业结构缺席×能源结构缺席×技术创新）。

煤炭资源型地区政府调控碳减排路径，将命令控制型环境规制、市场激励型环境规制、自愿参与型环境规制、对外开放度和技术创新5个条件变量数据提升10%，将城镇化水平、产业结构和能源结构3个条件变量数据降低10%，其他条件变量保持不变，以此作为组态路径5的情景设置。

（二）全国层面环境规制碳减排最优路径选择

将全国层面5种路径设定的情景参数输入根据 GA – PSO – BP 神经网络构建的碳减排路径优化模型中，得到2000～2018年不同路径的碳排放绩效数据，描绘出

2000～2018年中国5种环境规制碳减排路径的结果变化趋势，如图8.8所示。

由图8.8可知，5种碳减排路径均提升了碳排放绩效水平。说明QCA得出的环境规制碳减排组态路径是有效的，从侧面论证了其结论的稳健性。表8.6表示预测碳排放绩效的均值与真实值的误差，由此可知，路径1、路径2、路径3、路径4和路径5分别对应的碳排放绩效预测均值为0.4635、0.4663、0.4609、

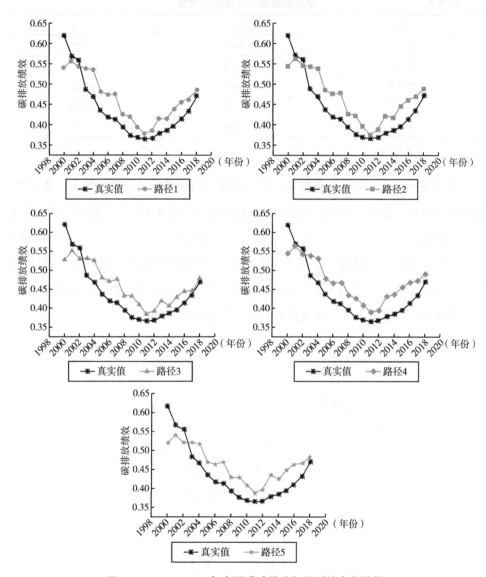

图8.8 2000～2018年中国碳减排路径预测值变化趋势

0.4704 和 0.4639，与真实碳排放绩效均值 0.4377 相比，其差值分别为 0.0257、0.0285、0.0232、0.0326 和 0.0261。5 条路径对碳排放绩效的提升作用效应相对均衡，路径 4 的差值最大，说明其对全国碳排放绩效的提升作用最为显著，为全国范围内最优的环境规制碳减排路径。

表 8.6 全国碳减排路径预测值对比

情景	预测均值	差值
路径 1	0.4635	0.0257
路径 2	0.4663	0.0285
路径 3	0.4609	0.0232
路径 4	0.4704	0.0326
路径 5	0.4639	0.0261

注：根据计算结果整理所得。

为了进一步直观展示仿真结果，将 5 种路径的碳排放绩效值绘制在一张图中，如图 8.9 所示。路径 4 基本处于最上方位置，说明路径 4（环境规制×经济发展水平×城镇化水平×产业结构×能源结构缺席×技术创新）是全国范围内环境规制碳减排的最优路径，即供给侧结构性改革政府调控碳减排路径在全国的作用效果最佳。中国处于部分"市场失灵"的状态，制定环境规制政策，提高经济发展水平、城镇化水平，发展服务业，促进技术创新，均能有效提升碳排放绩效。

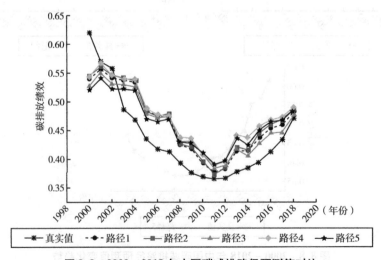

图 8.9 2000~2018 年中国碳减排路径预测值对比

（三）东部地区环境规制碳减排最优路径选择

将东部地区 5 种路径设定的情景参数输入根据 GA - PSO - BP 神经网络构建的碳减排路径优化模型中，得到 2000～2018 年不同路径的碳排放绩效数据，描绘出 2000～2018 年东部地区 5 种环境规制碳减排路径的碳排放绩效变化趋势，如图 8.10 所示。

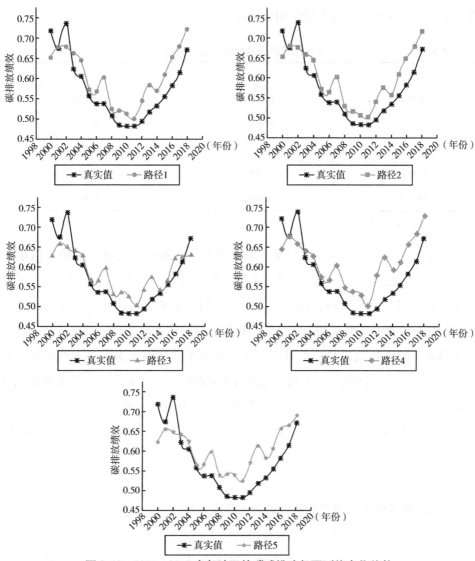

图 8.10　2000～2018 东部地区的碳减排路径预测值变化趋势

如图 8.10 所示，路径 1、路径 2、路径 3、路径 4 和路径 5 均提升了东部地区的碳排放绩效水平，路径 3 的提升作用较弱。表 8.7 验证了这一结论。路径 1、路径 2、路径 3、路径 4 和路径 5 分别对应的东部地区碳排放绩效预测均值为 0.6038、0.6004、0.5857、0.6087 和 0.6031，与真实碳排放绩效均值 0.5746 相比，其差值分别为 0.0291、0.0257、0.0111、0.0340 和 0.0285。路径 3 的差值最小，说明市场完全"失灵"环境下政府调控碳减排路径在东部地区的作用效果较弱。路径 4 在东部地区的作用效果最强。

表 8.7 东部地区的碳减排路径预测值对比

情景	预测均值	差值
路径 1	0.6038	0.0291
路径 2	0.6004	0.0257
路径 3	0.5857	0.0111
路径 4	0.6087	0.0340
路径 5	0.6031	0.0285

注：根据计算结果整理所得。

为了进一步直观展示仿真结果，将东部地区 5 种路径的碳排放绩效值绘制在一张图中，如图 8.11 所示。路径 4 基本处于最上方位置，说明路径 4（环境规制×经济发展水平×城镇化水平×产业结构×能源结构缺席×技术创新）是东部地区环境规制碳减排的最优路径，即供给侧结构性改革政府调控碳减排路径在东部地区的作用效果最佳。对于经济发展水平、城镇化水平、对外开放度较高，产业结构相对优化，技术相对先进的东部地区，路径 4 更为符合东部地区发展阶段的现实情况，应继续发挥环境规制的碳减排效应，在原有强度的基础上，进一步提升起促进作用的因素水平，是适合东部地区目前发展阶段的碳减排措施。

（四）中部地区环境规制碳减排最优路径选择

将中部地区 5 种路径设定的情景参数输入根据 GA - PSO - BP 神经网络构建的碳减排路径优化模型中，得到 2000～2018 年不同路径的碳排放绩效数据，描

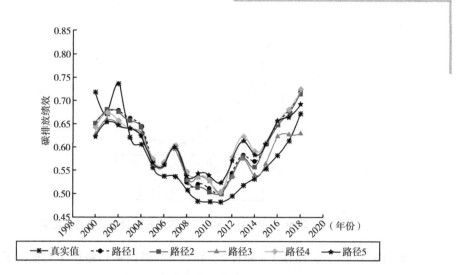

图 8.11　2000～2018 年东部地区的碳减排路径预测值对比

绘出 2000～2018 年中部地区 5 种环境规制碳减排路径的碳排放绩效变化趋势，如图 8.12 所示。

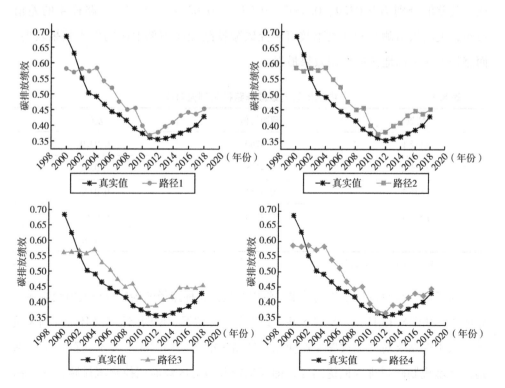

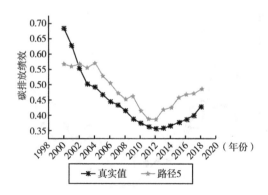

图8.12 2000~2018年中部地区的碳减排路径预测值变化趋势

如图8.12所示，路径1、路径2、路径3、路径4和路径5均提升了中部地区的碳排放绩效水平，但路径4的提升作用较弱。表8.8验证了这一结论。路径1、路径2、路径3、路径4和路径5分别对应的中部地区碳排放绩效预测均值为0.4760、0.4778、0.4751、0.4694和0.4825，与真实碳排放绩效均值0.4431相比，其差值分别为0.0329、0.0347、0.0320、0.0264和0.0395。路径4的差值最小，说明供给侧结构性改革政府调控碳减排路径在中部地区的作用效果较弱。而路径5在中部地区的作用效果最强。

表8.8   中部地区的碳减排路径预测值对比

情景	预测均值	差值
路径1	0.4760	0.0329
路径2	0.4778	0.0347
路径3	0.4751	0.0320
路径4	0.4694	0.0264
路径5	0.4825	0.0395

注：根据计算结果整理所得。

为了进一步直观展示仿真结果，将中部地区5种路径的碳排放绩效值绘制在一张图中，如图8.13所示。路径5基本处于最上方位置，说明路径5（环境规制×城镇化水平缺席×对外开放度×产业结构缺席×能源结构缺席×技术创新）是中部地区环境规制碳减排的最优路径，即煤炭资源型地区政府调控碳减排路径在中部地区的作用效果最佳。中部地区正处于能源驱动型经济发展阶段，能源密集型产业占比高，路径5调整能源结构，加强环境规制强度、降低煤炭产能占比、提高技术创新的碳减排路径，更符合中部地区发展特色，因而其对中部地区碳排放绩效的提升作用最为显著。

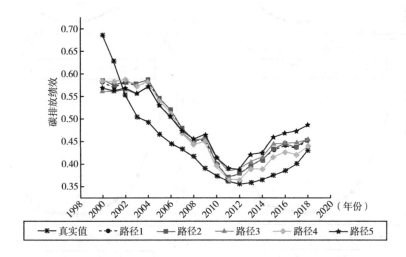

图 8.13　2000～2018 年中部地区的碳减排路径预测值对比

(五) 西部地区环境规制碳减排最优路径选择

将西部地区5种路径设定的情景参数输入根据 GA – PSO – BP 神经网络构建的碳减排路径优化模型中，得到 2000～2018 年不同路径的碳排放绩效数据，描绘出 2000～2018 年西部地区5种环境规制碳减排路径的碳排放绩效变化趋势，如图 8.14 所示。

如图 8.14 所示，路径1、路径2、路径3、路径4 和路径5 均提升了西部地区的碳排放绩效水平。表 8.9 为碳排放绩效的预测值与真实值的对比情况，由此可知，路径1、路径2、路径3、路径4 和路径5 分别对应的西部地区碳排放绩效预测均值为 0.3537、0.3649、0.3744、0.3672 和 0.3585，与真实碳排放绩效均值 0.2976 相比，其差值分别为 0.0562、0.0673、0.0768、0.0696 和 0.0609。路径1 的差值最小，说明侧重产业结构自我调节型碳减排路径在西部地区的作用效果较弱，而路径3 在西部地区的作用效果最强。

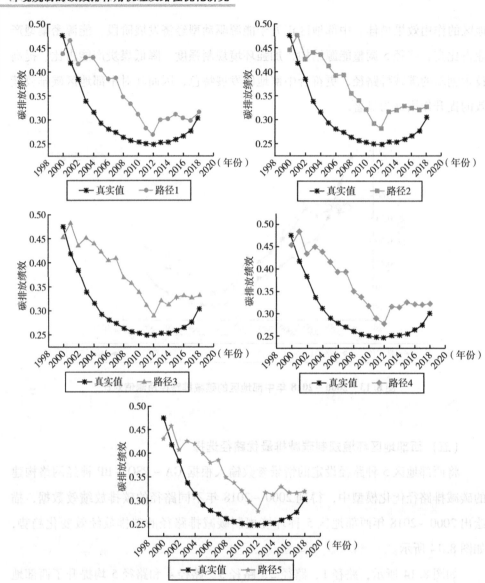

图 8.14 2000~2018 年西部地区的碳减排路径预测值变化趋势

表 8.9　　　　　　　　　西部地区的碳减排路径预测值对比

情景	预测均值	差值
路径 1	0.3537	0.0562
路径 2	0.3649	0.0673
路径 3	0.3744	0.0768

续表

情景	预测均值	差值
路径4	0.3672	0.0696
路径5	0.3585	0.0609

注：根据计算结果整理所得。

为了进一步直观展示仿真结果，将西部地区5种路径的碳排放绩效值绘制在一张图中，如图8.15所示。路径3基本处于最上方位置，说明路径3（环境规制×经济发展水平缺席×城镇化水平缺席×产业结构缺席×能源结构缺席×技术创新）是西部地区环境规制碳减排的最佳路径，即市场完全"失灵"环境下政府调控碳减排路径在西部地区的作用效果最佳。西部地区经济发展较为落后，城镇化水平较低，为达到政府规定的碳减排指标所牺牲的成本较低，政府调控引导低碳经济发展，对碳排放绩效的提升作用显著。

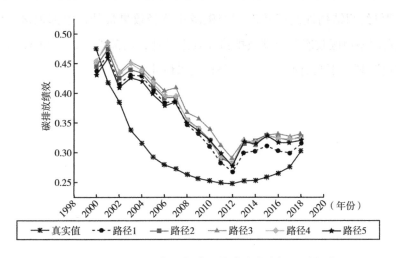

图8.15　2000～2018年西部地区的碳减排路径预测值对比

第三节

本章小结

本章在环境规制对碳排放绩效的实证研究基础上，运用QCA方法，明确了环境规制的碳减排作用路径，并基于GA‐PSO‐BP神经网络构建了碳减排路径优化模型，根据组态路径结果进行情景设定，仿真模拟不同区域的环境规制碳减排路径作用效果，得到以下结论。

（1）存在5种环境规制碳减排组态路径，分别为侧重产业结构自我调节型碳减排路径（路径1，经济发展水平×城镇化水平×对外开放度×产业结构×技术创新）、侧重能源结构自我调节型碳减排路径（路径2，经济发展水平×城镇化水平×对外开放度×能源结构缺席×技术创新）、市场完全"失灵"环境下政府调控碳减排路径（路径3，环境规制×经济发展水平缺席×城镇化水平缺席×产业结构缺席×能源结构缺席×技术创新）、供给侧结构性改革政府调控碳减排路径（路径4，环境规制×经济发展水平×城镇化水平×产业结构×能源结构缺席×技术创新）、煤炭资源型地区政府调控碳减排路径（路径5，环境规制×城镇化水平缺席×对外开放度×产业结构缺席×能源结构缺席×技术创新）。

（2）不同区域环境规制碳减排的最优路径存在差异。全国及东部地区，路径4，即供给侧结构性改革政府调控碳减排路径效果最佳；中部地区，路径5，即煤炭资源型地区政府调控碳减排路径效果最佳；西部地区，路径3，即市场完全"失灵"环境下政府调控碳减排路径效果最佳。

第九章

完善环境规制实现碳减排的政策建议

为实现中国"30·60"碳排放目标，制定合理的环境规制政策刻不容缓。环境规制是实现碳减排的关键，本章立足中国国情，根据前面探明的环境规制碳减排效应及其作用机理，结合环境规制碳减排路径及优化结果，对症下药，针对区域特征和发展阶段，从环境规制体系设计和环境规制工具优化两个方面，提出完善环境规制、促进碳排放绩效提升的政策建议。

第一节

环境规制碳减排体系设计

一、碳减排宏观环境设计

由前面分析可知，环境规制的"逐底竞争"及"遵循成本假说""污染避难所"等现象的发生，与宏观环境密切相关，良好的宏观环境能够有效避免上述现象的出现，本节对碳减排宏观环境进行设计，营造有利于实现环境规制碳减排效果的整体环境，构建良好的社会、企业和生活秩序，引导环境规制进行"逐顶竞争"，实现"波特假说"，达到"污染光环"效应，为完善环境规制、实现碳减排提供宏观环境支持。

（一）构建秩序低碳的社会环境

1. 规范环境立法，严格环境执法

环境规制必须"有法可依"，规范环境立法是环境规制的首要前提。中国在环境立法上需要适应低碳绿色经济发展要求的形势变化，不断完善环境法律法规体系，以环境法制建设为内在动力，保障环境规制的顺利实施，促使环境规制政策与产业结构优化调整、经济发展协同进行，以实现经济与环境的协调发展；根据现实情况，把握环境规制政策出台的时机，既要适当超前也要考虑到经济个体的承受能力。环境规制的政策效果依赖于"执法必严"，强有力的执法力度能够保障环境规制的顺利实施和减排效果的顺利实现。单纯的环保立法并不能显著抑制碳排放量增长，制度的完善更多地体现在环境规制的执行情况上，政策的执行力强，环境规制的减排效果越明显，环境规制"逐顶竞争"现象越容易发生。

2. 加强区域环境规制跨界协调机制建设

鉴于环境资源具有公共性和外部性的特征，碳排放会通过环境系统在地区间扩散，相邻地区的碳排放具有空间依赖性，环境规制的影响也会超越行政界限，对其他地区碳排放绩效产生作用。建立跨区域、跨流域的环境规制管理机构和协调机制，加强区域环境合作治理，合力解决跨界资源环境问题对提升中国整体碳排放绩效具有重要的实践意义。各地方政府在制定环境规制政策时，除考虑辖区内碳排放现实情况及其环境保护能力外，还要统筹考虑相邻地区政府颁布的碳减排政策，通过区域间的政策协同与合作，在推动区域碳排放绩效提升的前提下，实现区域间碳排放绩效差异的稳步缩小。例如，高碳排放绩效地区应提高"溢出效应"，发挥模范带头作用，主动向周边低碳排放绩效地区援助先进低碳技术、信息及环境保护理念和环境规制经验，同时促进社会资本与专业人才等优势要素在区域之间合理流动，优先向碳排放绩效较低的地区进行引导和扩散，建立以高碳排放绩效地区为中心，向周边低碳排放绩效地区梯次辐射的低碳网络，实现全局或区域碳排放绩效的整体提高。低碳排放绩效地区政府部门应提高对转移产业的甄别能力，优先选取"新能源、新模式、新技术"类产业项目，提高"三高"产业进入壁垒，不断学习借鉴高碳排放绩效地区的碳排放管理经验，借助后发优势，实现"弯道超车"。

3. 建立多层次、多主体参与的低碳监督体系

在环境规制关系中，中央政府是主要的法规与标准的制定者，地方政府是具体执行实施环境规制的主体，碳排放企业则是主要的被规制者。由于政府所掌握

环境信息的不及时、不完全，追求经济利益最大化的企业普遍存在"寻租"与投机心理，通过对违法行为被发现的概率，以及违法成本与收益的权衡，可能会选择违规排放。而具有"私利"的地方政府在执行环境规制时也可能存在偏差，弱化环境规制的执行力。因此，需要引入多层次、多主体参与的环境规制监督机制，来保障环境规制政策顺利实施，促进"双碳"目标的顺利实现。

完善的环境规制监督体系，首要的构成部分是地方政府对碳排放单位的监督，作为中央政府环境规制政策的具体执行人，地方政府及其环保部门有责任对各类碳排放单位的排放情况和环境规制的执行情况进行实时监控和监督检查，对存在碳排放超标、无证排放、偷排漏排等行为进行处罚。然而，地方政府在受到晋升考核标准的政治利益和地区经济增长的经济利益双重约束下，出于自身利益最大化的考虑，可能会放松环境规制，选择性执行、消极执行，甚至与企业合谋衍生腐败，这些行为必然会弱化环境规制的执行效果。因此，必须建立中央政府对地方政府的环境规制监督机制、中央政府对企业的直接监督机制，以及有效的社会公众监督机制。要有效避免地方政府对环境规制的"非完全执行"现象，中央政府对地方政府在环境规制实施过程中的综合表现进行监督，并将地区碳减排成果列入官员政绩考核，有助于降低地方政府选择性执行环境规制或执行不力情况的发生。由于中央政府相较于地方政府具有更高的权威性，而且不具有"私利性"，因此中央政府对排污企业的直接监督效果更加明显，国家环保部通过定期、不定期的巡视检查，可以极大地提高规制效果。公众参与及社会合作是环境规制监督体系的重要组成部分，公众是督促企业履行环境责任的重要力量，社会组织和公众对碳排放单位的排放行为进行舆论监督和曝光，可以倒逼企业加强环境污染治理和开展绿色生产。此外，社会公众可以向地方政府举报违规单位，通过给政府施加压力而约束企业违规碳排放行为，迫使政府采取更多的措施实现碳减排。

（二）构建科学低碳的企业环境

1. 树立绿色低碳企业文化

企业文化是企业价值观和信念的外在表现，是决定企业生命力的核心要素。

企业作为地区碳排放主体,将低碳发展理念融入企业文化建设中,将有助于企业、产业、地区绿色低碳发展。对企业内部,强化低碳发展理念的宣传,提升工作人员环保意识,形成贯穿工作始末的低碳行为。对企业外部,通过低碳行为、低碳产品向社会公众传达低碳文化理念,树立低碳环保的良好企业形象。由此形成内外联动效果,一方面提升投资者信心,获取投资,实现企业增值;另一方面增加公众对企业的认可。通过这两条途径获取竞争优势,进一步提升企业的核心竞争力和综合价值,保证了主要的被规制者实施碳减排行为,从根本上实现碳排放绩效的提升。

2. 树立碳信息披露意识

信息不对称问题会造成一定程度的社会福利净损失,应增强企业碳排放信息的透明度、强化行业公开环境信息。企业碳信息披露是树立企业低碳形象、强化民众监督、推动企业碳减排的重要举措。对中国而言,碳信息披露意识和行为虽有提高,但整体而言,碳信息披露水平较低且发展缓慢,多数企业领导者并未充分意识到碳信息在投资决策中发挥的重要作用。地方政府应该通过一系列手段,推动地方上市企业开展碳管理,将低碳发展理念融入企业管理战略中,提升其碳信息披露的积极性,并在碳信息披露过程中获得发展机遇、预防环境风险。管理者应着眼长远,积极摒弃传统发展模式,实现绿色低碳转型,更多承担社会环境责任。此外,企业应逐步建立并完善碳减排管理体系,加强员工低碳意识,将碳排放绩效纳入员工绩效考核之中,并以此建立企业内部奖惩机制,助推企业尽早实现碳减排目标。

3. 完善内部监管体系与专业人才培养,加大低碳宣传力度

企业内部应当设立独立的环保监管部门,负责测算碳排放数据,对各部门设置当期减排目标,监督、考核时期内碳减排目标的完成情况并给予适当的奖惩。定期开展碳减排学习培训活动,学习碳排放相关知识,培养内部碳减排人才,进行校企合作,直接为企业输送优秀碳减排专业人才,扩大企业的人才储备规模。在企业内部加大宣传力度,确保企业生产过程绿色低碳,员工思想绿色低碳。

(三) 构建低碳健康的生活环境

1. 营造健康的社会消费风气，倡导低碳生活

引导公众进行简约适度消费，营造健康的社会消费风气，加强公众碳减排行为的引导。政府鼓励消费者使用低碳用品，养成低碳消费的习惯，对在碳减排方面做出贡献的企业或个人给予一定程度的财税补贴或奖励。城市交通系统作为重要的碳排放源，具有较大的碳减排潜力，地方政府部门应通过倡导低碳出行方式，推广绿色低碳交通工具和设施，构建新时代下的清洁绿色低碳交通系统。

2. 低碳科普与理念宣传

采用教育、宣传与培训等方式引导公众树立正确的低碳观念，意识到碳排放量增加的危害与进行碳减排的必要性和重要性，并了解减少碳排放的途径与方法，倡导绿色低碳健康生活。通过具有教育性的、阐述性的、说服性的公益讲座、影视放映等方法，创新传播渠道，向公众宣传低碳发展的益处及排放产生的危害，扩大绿色低碳理念的影响力，促进居民对低碳绿色发展方式的理解。

二、碳减排体系关键因素设计

结合碳排放的影响因素、环境规制影响碳排放绩效的实证分析可知，经济发展水平、城镇化水平、外商直接投资、产业结构、能源结构和技术创新是碳排放的重要影响因素，而环境规制碳减排路径分析结果显示，上述影响因素与环境规制综合作用可有效提升碳排放绩效水平。因此，分别对这六大关键因素进行设计，助力实现碳减排目标。

(一) 推进国家低碳经济发展

经济发展与碳减排是相辅相成的关系，根据第五章环境规制影响碳排放绩效

的实证分析结果，经济发展水平对碳排放绩效的影响显著为正，说明经济增长所带来的发展效应大于其引起的碳排放效应，人均 GDP 的提升，有利于碳排放绩效的增长。中国经济已经进入高质量发展阶段，粗放型经济增长模式被逐步取代。在未来的发展中应当更加注重经济增长的"绿色效应"。在完成碳减排任务的同时，保证经济发展水平的提升。

（二）稳步高效推进城镇化进程

根据第五章环境规制影响碳排放绩效的实证分析结果，城镇化水平对碳排放绩效的作用显著为负，说明城镇化水平的提高会降低碳排放绩效，这是由城镇化进程带来高耗能基建快速发展引发的碳排放增加所致。因此，实现城镇化由"粗放型"向"绿色型"转变是应对城镇化抑制碳排放绩效提升的关键。在城镇化进程中，统筹建设清洁能源供应体系，提高能源利用效率，降低能源消耗强度，提升绿色城镇化的辐射力度。

（三）甄别限制发展外商直接投资

根据第五章环境规制影响碳排放绩效的实证分析结果，外商直接投资对碳排放绩效的影响为负，且东部地区和西部地区不显著。外商投资企业倾向于向高能耗、高污染行业投资，造成碳排放绩效的降低。随着对外开放程度的不断加深，中国吸引外商直接投资发展进入新的阶段，"开放"和"绿色"成为新阶段的发展目标。这需要甄别和限制外商直接投资的性质，对其进行合理的引导和监控，严格控制污染产业的转移，减少甚至取消外企的环境优惠，避免"污染避难所"现象的产生；优先引进具有先进低碳技术的外资企业，优先引进能耗少、污染少的"绿色"外资企业，促进低碳技术的溢出。

（四）加快产业转型升级

根据第五章环境规制影响碳排放绩效的实证分析结果，产业结构升级（第三产业占比）对碳排放绩效的作用显著为正，说明产业结构升级有利于碳排放绩效的提升。产业结构不能脱离现实存在，不同地域的能源禀赋、资源配置均不同，结合当地实际，才能发挥区域优势。所以产业结构的调整必须跟随区域经济的发展。在环境污染日益严重的背景下，传统粗放型资源消耗的经济增长模式难以为继，调整产业结构，加快经济转型，实现"既要绿水青山，又要金山银山"的绿色经济发展方式就显得尤为重要。推动产业结构优化调整，形成以知识、技术密集型产业为主的产业结构，是实现绿色发展的关键一步。地方政府应根据自身能源禀赋，制定合理的产业政策，结合当地市场条件，发展节能环保产业、清洁能源产业、清洁生产产业，引领高耗能产业实现节能治污转型，形成绿色发展方式。同时，为产业发展提供政策支持，帮助产业充分有效利用资源，带动地方产业整体发展，实现产业结构优化，进而促使经济发展与碳排放绩效同步提升。

（五）优化能源消费结构

根据第五章环境规制影响碳排放绩效的实证分析结果，能源结构对碳排放绩效的作用显著为负，说明煤炭消费占比的增加降低了碳排放绩效，为了提升碳排放绩效，应降低煤炭消费占比，优化能源消费结构。一方面，提升能源利用效率。能源利用效率的提高主要通过技术进步来实现，加强对能源产业的管理，实现对能源资源合理有效的开发利用，提高能源工业的技术水平。另一方面，充分利用清洁能源，降低煤炭消费占比。通过提升清洁能源技术、培育和调整清洁能源产业、大力发展可再生能源，转变以煤炭为主的能源消费模式。

（六）推动低碳技术创新

根据第五章环境规制影响碳排放绩效的实证分析结果，技术创新对碳排放绩效的作用显著为正，说明技术创新可以提升碳排放绩效，技术创新是中国经济高质量发展的必然要求。技术创新可以让企业绩效通过技术实现增长，生产率及碳排放绩效依靠创新实现提高。增加科技企业创新活力，提升科技成果转化效率成为重点。建立新型创新平台，把技术研发、服务、交易、转化都囊括在内，创新优惠政策落实到位，让企业掌握更多科技创新的自主权，确保企业能够切实受益于技术创新。促进产学研合作与创新，加强企业和各大高校及科研院所的技术创新交流与合作，扩充企业技术创新人员的后备力量。

第二节

环境规制工具优化

一、异质性环境规制优化措施

现阶段中国的环境规制以命令控制型为主，市场激励型环境规制与自愿参与型环境规制全面发展。命令控制型环境规制具有强制约束，但由于执行成本大，可能会因地方政府和企业出于利益最大化的考虑选择降低环境规制执行力度，造成环境规制政策效果的损失；市场激励型环境规制发挥"看不见的手"在碳减排中的作用，兼顾环境规制的成本与有效性，具有激励性和灵活性，但在"市场失灵"状态下，无法产生强制约束力；自愿参与型环境规制强调主观能动性，有利于促进碳信息披露和社会监督制度的发展，但单独实施无法有效提升碳排放绩效。因此，为实现"双碳"目标，应在发挥命令控制型环境规制基础性作用的同时，充分运用市场激励型环境规制，扩大并强化自愿参与型环境规制，综合异质性环境规制工具对碳排放的作用影响，实现碳排放绩效的提升。

（一）命令控制型环境规制优化措施

第五章环境规制影响碳排放绩效的实证分析结果显示，在全国层面以及东中西部地区，命令控制型环境规制对碳排放绩效的影响系数分别为 0.107、0.181、0.365、0.058，均显著，说明命令控制型环境规制有效提高了碳排放绩效，降低了碳排放水平。为最大限度地发挥命令控制型环境规制对碳排放的影响作用，应全面落实清洁生产和环境管理系列标准，合理确定环境保护和资源有效利用标准。学习先进经验，建立全面民主的环境规制体系，努力汲取发达国家在生态保护方面的先进经验，制定出一套符合中国国情的，与中国生态发展相适应的命令控制型环境规制理念，逐渐完善现存的环境规制法规。进一步，将碳减排工作引入地方政府的晋升考核机制中，转变政府执政理念，推动低碳经济快速发展。

（二）市场激励型环境规制优化措施

第五章环境规制影响碳排放绩效的实证分析结果显示，在全国层面、东部地区和西部地区，市场激励型环境规制对碳排放绩效的影响系数分别为 0.129、0.255、0.365、0.257，均显著为正，而在中部地区，其对碳排放绩效的影响系数为 -0.150，说明市场激励型环境规制有效提高了全国层面和东西部地区的碳排放绩效，降低了中部地区的碳排放绩效。为充分发挥市场激励型环境规制的碳减排作用，应通过环保投入、财政补贴的方式加大对企业进行低碳技术创新的支持力度，通过不断探索排污权交易、环境税费、环保补贴制度等市场激励型环境规制手段，完善市场机制建设，培育和发展碳交易市场，最终实现环境规制政策的"波特"假说。

（三）自愿参与型环境规制优化措施

第五章环境规制影响碳排放绩效的实证分析结果显示，在全国层面以及东中西部地区，自愿参与型环境规制对碳排放绩效的影响系数分别为 0.056、0.178、0.057、0.079，均为正，但不显著，说明自愿参与型环境规制对碳排放绩效有一定提升作用，但效果不明显。为强化自愿参与型环境规制对碳排放的作用影响，应拓宽、完善公众参与渠道与参与途径，提高参与的便利性，紧跟时代潮流，拓展线上参与模式，使公众能够随时随地建言献策，真正起到协同治理的效果。引入社会资本，积极引导民间环境组织发挥正面作用，使其成为连接上下的纽带、公众诉求的窗口，真正传递群众心声，监督政府行为，发挥民间组织的正面积极作用，减少碳排放。

二、提高政策灵活性措施

地区差异性的存在致使能源禀赋、经济发展水平以及环境质量各有不同，政府治理理念、政策制定、企业行为以及公众意识也存在差异。因此，在追求"青山绿水"的环境质量这一共同目标的同时，也要学会求同存异，依据地方特色打造高质量的生活生产环境，利用特有资源发展产业、减少碳排放，并且做到"因时而变"，紧跟时代的步伐，充分利用现代科学技术，将地方特色与现代科技相结合，于发展中求变、于变化中求新，充分展现各地特色，在追求高质量发展的同时，发挥环境资源的跨期正外部效应。

（一）实施差异化的环境规制政策

根据第五章环境规制对碳排放影响的实证研究发现，东部地区，市场激励型环境规制的碳减排作用最大，其次为命令控制型环境规制和自愿参与型环境规制；中部地区，命令控制型环境规制对碳排放绩效的提升作用最为显著，而市场激励型环境规制对碳排放绩效的作用效果为负；西部地区，市场激励型环境规制的碳减排作用更为显著，其次为命令控制型环境规制和自愿参与型环境规制。能源禀赋过高或过低区域，环境规制的碳减排效应较弱，能源禀赋位于中间位置时，环境规制的碳减排作用效果最大。异质性环境规制对碳排放作用的区域差异显著，这要求实施差异化的环境规制政策，因地制宜，确保政策实施符合当地实际，实现碳减排效应最大化。

东部地区，路径4（环境规制×经济发展水平×城镇化水平×产业结构×能源结构缺席×技术创新）对碳排放绩效的作用最为显著。东部地区，经济发展水平、城镇化水平、服务业发展水平和技术水平较高，此时市场激励型环境规制发挥"看不见的手"，对碳排放绩效的提升作用最显著。因此，东部地区在污染物排放总量及标准控制的基础上，充分发挥市场激励型环境规制的作用效果，大力发展排污权交易、资源环境税和环保补贴等措施，依靠市场机制将碳排放内化为企业生产成本，实现碳减排效应。

中部地区，路径5（环境规制×城镇化水平缺席×对外开放度×产业结构缺席×能源结构缺席×技术创新）对碳排放绩效的作用最为显著。中部地区，城镇化进程较慢，能源密集型产业集聚，煤炭消费占比高，此时增加对外开放度，提高技术水平，可有效提升碳排放绩效。同时，应合理制定命令控制型环境规制政策，发挥其强制约束力，降低碳排放；有计划、有步骤地推广市场激励型环境规制，充分发挥市场激励型环境规制的促进作用。

西部地区，路径3（环境规制×经济发展水平缺席×城镇化水平缺席×产业结构缺席×能源结构缺席×技术创新）对碳排放绩效的作用最为显著。西部地区，经济发展较为落后，城镇化进程、服务业发展较为缓慢，煤炭消费占比大，此时，市场激励型环境规制政策更容易提升碳排放绩效。应充分发挥市场激励型环境规制政策的作用，借鉴中东部和国外先进发展经验，完善环境税、排污权交易、环保补贴制度等，同时，要适度控制排放税费和污染物排放交易成本，避免超出企业承受范围，并强化环境保护标准、碳排放标准，进一步扩大命令控制型环境规制对碳排放绩效的提升作用。

（二）合理制定环境规制强度

环境规制影响碳排放的门槛模型结果显示，环境规制和能源禀赋均存在门槛效应，但在中西部地区以及全国范围内差异明显，环境规制的门槛效应整体呈现为规制强度超过一定范围后，其对碳排放绩效的提升作用减弱甚至变为抑制作用。这表明一味加强环境规制强度，并不能实现最优的碳减排效果。环境规制强度要充分考虑区域的经济状况和能源禀赋情况，在合理范围内实施环境规制。不能盲目提高环境规制强度，而应针对不同能源禀赋区域的实际情况设置合理而有差别的环境规制强度。对于能源禀赋贫乏区域，在保持现有合理的环境规制强度的同时，逐步引导环境规制由命令控制型向市场激励型转变，利用市场化手段，实现碳减排目的。而对能源禀赋富集区域，应逐步加大命令控制型环境规制强度，避免"污染避难所"现象的发生。

第三节

本章小结

本章在总结环境规制对碳排放的作用机理、作用效果和作用路径的基础上，从环境规制碳减排体系设计和环境规制工具优化两个方面，提出了完善环境规制实现碳减排的政策建议。环境规制碳减排体系设计方面，首先，进行碳减排宏观环境设计，包括构建秩序低碳的社会环境、科学低碳的企业环境、健康低碳的生活环境；其次，进行碳减排体系关键要素设计，包括推进国家低碳经济发展、稳步高效推进城镇化进程、甄别限制发展外商直接投资、加快产业转型升级、优化能源消费结构、推动低碳技术创新。环境规制工具优化方面，首先，优化异质性环境规制工具；其次，提高环境规制政策灵活性，包括实施差异化的环境规制政策和合理设定环境规制强度。

第十章

结论与展望

第一节

研究结论

全球气候变暖对生态、水资源以及粮食安全产生严重威胁，因此减少二氧化碳排放和控制气候变化已经成为全球关注的焦点。为避免低碳经济发展过程中"市场失灵"现象的发生，环境规制成为国际社会实现碳减排的必要手段。在此背景下，本书基于低碳经济、环境库兹涅茨曲线、环境规制"逐底竞争"与环境规制"逐顶竞争"等理论思想，将环境规制划分为命令控制型环境规制、市场激励型环境规制和自愿参与型环境规制三种类型，运用超效率 SBM 模型、元分析、数理推导、面板门槛模型、合成控制法、PSM – DID、QCA 和 GA – PSO – BP 神经网络等方法，理论探究了异质性环境规制对碳排放的作用机理，实证分析了异质性环境规制对不同地区碳排放的影响效果及差异，仿真比较了不同地区环境规制碳减排组态路径的作用效果，提出了改善环境规制提升碳排放绩效的政策建议，主要结论如下。

（1）中国碳排放绩效水平存在显著时空差异性，且主要受环境规制、经济发展水平、城镇化水平、产业结构、能源结构、外商直接投资和技术创新等因素影响。本书运用超效率 SBM 模型对中国省域碳排放绩效进行测度，通过时空对比发现，从整体看，中国碳排放绩效呈"U"形走势；分区域看，东部地区的碳排放绩效一直处于领先地位，中部地区碳排放绩效值与全国平均碳排放绩效值基本保持一致，西部地区的碳排放绩效值最低。在此基础上，运用元分析，识别验证了碳排放绩效的主要影响因素及其作用效果，其中，环境规制、经济发展水平对碳排放起显著负向作用；城镇化水平、产业结构、能源结构对碳排放起显著正向作用；而外商直接投资和技术创新对碳排放的作用不确定。

（2）不同环境规制工具对碳排放绩效的作用机理存在差异。在总结梳理环境规制相关研究进展与成果的基础上，从理论视角，分别构建了命令控制型环境规制、市场激励型环境规制、自愿参与型环境规制和综合环境规制对碳排放绩效作用机理的数学推导模型，发现命令控制型环境规制主要通过成本倒逼效应和行业壁垒变动影响碳排放绩效；市场激励型环境规制主要通过成本内化效应和科研集聚效应影响碳排放绩效；自愿参与型环境规制主要通过外部压力推动和内部成本节约影响碳排放绩效。

（3）异质性环境规制工具对碳排放绩效作用效果存在显著差异，同一环境规制工具对不同区域碳排放绩效影响存在差异。从环境规制异质性视角分析，命令控制型环境规制（0.107）、市场激励型环境规制（0.129）和总体环境规制（0.210）对碳排放绩效均具有显著促进作用，自愿参与型环境规制（0.056）对碳排放绩效的作用不显著，作用效果整体表现为：市场激励型环境规制 > 命令控制型环境规制 > 自愿参与型环境规制。从区域异质性视角分析，命令控制型环境规制对东中西部地区碳排放绩效均呈显著促进作用，其中，对中部地区影响效果最大（0.365），其次为东部地区（0.181）和西部地区（0.058）；市场激励型环境规制对东中西部地区碳排放绩效作用方向不同，对东部地区（0.255）和西部地区（0.157）碳排放绩效影响为正，而对中部地区（-0.150）的碳排放绩效影响为负；总体环境规制对东中西部地区的作用效果均为正，作用效果从大到小依次为中部地区（0.748）、东部地区（0.146）和西部地区（0.100）。

（4）环境规制和能源禀赋均存在门槛效应，但在不同区域范围内差异明显。从环境规制门槛效应看，命令控制型环境规制在全国范围和东部地区存在单一门槛效应，门槛值分别为0.6842和0.7372，中西部地区不存在门槛效应，命令控制型环境规制的强度超过门槛值，其对碳排放绩效的促进作用转变为抑制作用；市场激励型环境规制在全国范围和东部地区存在单一门槛效应，门槛值分别为0.3209和0.3458，中西部地区不存在门槛效应，市场激励型环境规制的强度超过门槛值，其对碳排放绩效的提升作用减弱；自愿参与型环境规制在全国范围和东中西区域内均不存在门槛效应；总体环境规制在全国范围和东部地区存在双重门槛，门槛值分别为（0.1902、0.5520）和（0.1673、0.3760），在中西部地区存在单一门槛，门槛值分别为 0.5565 和 0.2630，总体环境规制对碳排放绩效的强度超过一定门槛值，其对碳排放绩效的促进作用减小。环境规制对碳排放绩效的作用效果随着能源禀赋强度不同而发生变化。以总体环境规制为解释变量时，能源禀赋存在双重门槛效应，门槛值为 0.0285、0.1021；以命令控制型环境规制为解释变量时，能源禀赋存在单一门槛效应，门槛值为 0.0935；以市场激励型环境规制和自愿参与型环境规制作为解释变量时，能源禀赋不存在门槛效应。能源禀赋过高或过低，环境规制提升碳排放绩效水平的效果较弱；能源禀赋强度位于一定区间范围内，环境规制的碳减排作用效果最大。

（5）碳交易机制有效提升了试点省市的碳排放绩效水平。碳交易机制作为重要的环境规制工具，能够通过市场经济手段推动能源技术升级和产品升级，弥补行政命令式政策的局限性，进而实现碳减排目的。以碳交易机制为例，基于准自然实验的思想，运用合成控制法，评估具体环境规制政策对碳排放绩效的冲击效果，引证补充了环境规制提升碳排放绩效水平的结论。

（6）筛选出环境规制碳减排组态路径，且不同区域环境规制的最优碳减排路径存在差异。基于 QCA 分析结果显示，环境规制的碳减排路径分别为侧重产业结构自我调节型碳减排路径（路径 1，经济发展水平×城镇化水平×对外开放度×产业结构×技术创新）、侧重能源结构自我调节型碳减排路径（路径 2，经济发展水平×城镇化水平×对外开放度×能源结构缺席×技术创新）、市场完全"失灵"环境下政府调控碳减排路径（路径 3，环境规制×经济发展水平缺席×城镇化水平缺席×产业结构缺席×能源结构缺席×技术创新）、供给侧结构性改革政府调控碳减排路径（路径 4，环境规制×经济发展水平×城镇化水平×产业结构×能源结构缺席×技术创新）、煤炭资源型地区政府调控碳减排路径（路径 5，环境规制×城镇化水平缺席×对外开放度×产业结构缺席×能源结构缺席×技术创新）。全国范围和东部地区，路径 4，即供给侧结构性改革政府调控碳减排路径效果最佳；中部地区，路径 5，即煤炭资源型地区政府调控碳减排路径效果最佳；西部地区，路径 3，即市场完全"失灵"环境下政府调控碳减排路径效果最佳。

（7）从体系设计和工具优化两个方面，提出改善环境规制、促进碳排放绩效提升的政策建议。环境规制碳减排体系设计方面，首先，进行碳减排宏观环境设计，包括构建秩序低碳的社会环境、科学低碳的企业环境、健康低碳的生活环境；其次，进行碳减排体系关键要素设计，包括推动国家低碳经济发展、稳步高效推进城镇化进程、甄别限制发展外商直接投资、加快产业转型升级、优化能源消费结构、推动低碳技术创新。环境规制工具优化方面，首先，优化异质性环境规制工具；其次，提高环境规制政策灵活性，包括实施差异化的环境规制政策和合理设定环境规制强度。

第二节

有待进一步研究的问题

（1）扩展环境规制对碳排放影响的实证研究对象。本书运用固定效应模型、门槛效应模型和合成控制法，从省域视角研究了环境规制对碳排放的影响，下一步研究可以从微观企业、行业视角，扩展实证分析的内容，并进行长期验证，以此更好地检验环境规制对碳排放的影响效果，更有针对性地提供政策建议。

（2）将环境税、碳税等因素纳入相关影响因素和影响路径的研究中。由于环境税实施时间短，碳税仍在探讨阶段，本书并没有对其进行分析，进一步研究可以从税收方面分析此类市场激励型环境规制对碳排放的影响，从而进行更为完善的低碳经济发展趋势分析。

附　　录

附表1　　　　　　　　　　　**2000～2018年碳排放绩效值**

省区市	2000年	2001年	2002年	2003年	2004年	2005年	2006年	2007年	2008年	2009年	2010年
北京	0.3531	0.3537	0.3496	0.3512	0.3708	0.3890	0.3892	0.3905	0.3998	0.4094	0.4364
天津	0.5947	0.5595	0.5339	0.4977	0.4829	0.4345	0.4207	0.4272	0.4404	0.4201	0.4303
河北	0.4178	0.4116	0.4054	0.3941	0.3876	0.3758	0.3635	0.3395	0.3165	0.3058	0.3066
山西	0.4075	0.3783	0.3438	0.3241	0.3107	0.2739	0.2561	0.2503	0.2315	0.2090	0.2036
内蒙古	1.0749	0.7649	0.5849	0.4657	0.3766	0.2929	0.2714	0.2591	0.2513	0.2442	0.2408
辽宁	1.0295	0.9701	1.0016	1.0099	0.7851	0.6829	0.6057	0.5515	0.3720	0.3728	0.3758
吉林	0.6222	0.5423	0.5076	0.4697	0.4575	0.4054	0.3184	0.2980	0.2814	0.2750	0.2719
黑龙江	0.6192	0.6213	0.6448	0.6652	0.6819	0.7290	0.7504	0.7386	0.7019	0.6061	0.5652
上海	0.5467	0.5306	0.5108	0.5249	0.5933	0.5559	0.5600	0.5860	0.6070	0.6137	0.6160
江苏	0.8190	0.7240	0.7020	0.6623	0.6252	0.5725	0.5567	0.5664	0.5420	0.4854	0.4664
浙江	0.8501	0.6891	0.6498	0.5650	0.4985	0.4289	0.4038	0.4114	0.4179	0.4225	0.4328
安徽	0.5958	0.5396	0.5010	0.4766	0.4720	0.4569	0.4467	0.4406	0.4207	0.4021	0.3923
福建	1.0068	1.0113	0.9731	0.8922	0.8242	0.7853	0.7759	0.7538	0.6822	0.5790	0.5367
江西	1.0347	1.0017	0.6838	0.5340	0.4762	0.4353	0.3971	0.3753	0.3751	0.3756	0.3754
山东	0.6081	0.5863	0.5635	0.4991	0.4787	0.4432	0.4241	0.4195	0.3983	0.3692	0.3698
河南	0.7125	0.6283	0.5635	0.4857	0.4825	0.4490	0.4187	0.3684	0.3376	0.3103	0.2967
湖北	0.4839	0.4955	0.4795	0.4766	0.4767	0.4732	0.4739	0.4964	0.4931	0.4891	0.4852
湖南	1.0029	0.8137	0.6939	0.5953	0.5717	0.5094	0.4973	0.5013	0.4833	0.4519	0.4056
广东	1.0137	0.9198	0.9503	0.9131	0.9405	0.9088	0.9261	1.0068	1.0051	0.9728	0.9488
广西	0.6846	0.6247	0.5849	0.5550	0.4873	0.4622	0.4239	0.3855	0.3592	0.3326	0.3035
海南	0.6672	0.6647	1.4612	0.5390	0.6715	0.5611	0.4834	0.4605	0.4068	0.3889	0.3915

续表

省区市	2000 年	2001 年	2002 年	2003 年	2004 年	2005 年	2006 年	2007 年	2008 年	2009 年	2010 年
重庆	0.4698	0.4231	0.3963	0.3651	0.3236	0.2943	0.2857	0.2896	0.2824	0.2891	0.3040
四川	0.5271	0.4819	0.4707	0.4367	0.4292	0.4323	0.4298	0.4168	0.3695	0.3601	0.3617
贵州	0.2580	0.2480	0.2404	0.2225	0.2180	0.2195	0.2165	0.2197	0.2160	0.2123	0.2110
云南	0.4766	0.4335	0.4111	0.3752	0.3782	0.3107	0.2932	0.2874	0.2894	0.2845	0.2708
陕西	0.3610	0.3289	0.3026	0.2852	0.2740	0.2569	0.2500	0.2466	0.2430	0.2407	0.2373
甘肃	0.3921	0.3756	0.3558	0.3420	0.3363	0.3203	0.3012	0.2867	0.2685	0.2635	0.2588
青海	0.2403	0.2275	0.2188	0.2110	0.2049	0.2004	0.1993	0.2014	0.2031	0.1981	0.1983
宁夏	0.4068	0.3911	0.3742	0.1878	0.1742	0.1650	0.1604	0.1574	0.1540	0.1442	0.1402
新疆	0.3350	0.2976	0.2868	0.2738	0.2649	0.2577	0.2507	0.2532	0.2569	0.2534	0.2507

省区市	2011 年	2012 年	2013 年	2014 年	2015 年	2016 年	2017 年	2018 年
北京	0.4605	0.4749	0.5258	0.5518	0.5990	0.6699	0.7212	1.1034
天津	0.4397	0.4582	0.4890	0.5116	0.5664	0.6212	0.6466	0.6720
河北	0.3028	0.3018	0.3027	0.3071	0.3136	0.3214	0.3372	0.3230
山西	0.1990	0.1961	0.1917	0.1867	0.1834	0.1837	0.1929	0.2491
内蒙古	0.2381	0.2355	0.2348	0.2341	0.2405	0.2514	0.2612	0.2997
辽宁	0.3738	0.3738	0.3887	0.3908	0.4072	0.4033	0.4161	0.4407
吉林	0.2732	0.2824	0.3005	0.3074	0.3234	0.3421	0.3577	0.4313
黑龙江	0.5263	0.4503	0.4190	0.4169	0.4248	0.4293	0.4460	0.4814
上海	0.6422	0.6850	0.7142	0.7724	0.8045	0.8557	1.0025	1.0721
江苏	0.4677	0.4832	0.5054	0.5333	0.5656	0.5888	0.6208	0.6265
浙江	0.4387	0.4565	0.4713	0.4940	0.5147	0.5345	0.5523	0.6007
安徽	0.3778	0.3763	0.3771	0.3803	0.3874	0.3970	0.4070	0.4094
福建	0.4982	0.5163	0.5526	0.5476	0.5676	0.6121	0.6251	0.5920
江西	0.3773	0.3877	0.3924	0.4036	0.4130	0.4219	0.4390	0.4386
山东	0.3728	0.3756	0.4045	0.4118	0.4175	0.4295	0.4528	0.4647
河南	0.2897	0.2942	0.3030	0.3074	0.3167	0.3289	0.3453	0.3671
湖北	0.4821	0.4800	0.4855	0.5055	0.5227	0.5381	0.5524	0.5835
湖南	0.3766	0.3788	0.4027	0.4151	0.4332	0.4447	0.4650	0.4739
广东	0.9417	0.9573	0.9847	0.9923	1.0020	1.0237	1.0301	1.0923
广西	0.2819	0.2778	0.2917	0.2997	0.3127	0.3170	0.3308	0.3431
海南	0.3727	0.3586	0.3589	0.3471	0.3428	0.3515	0.3553	0.3999

续表

省区市	2011 年	2012 年	2013 年	2014 年	2015 年	2016 年	2017 年	2018 年
重庆	0.3090	0.3181	0.3493	0.3776	0.3985	0.4236	0.4602	0.5469
四川	0.3757	0.3862	0.4080	0.3980	0.4219	0.4600	0.4971	0.4857
贵州	0.2122	0.2087	0.2085	0.2036	0.2001	0.1982	0.2006	0.2254
云南	0.2615	0.2558	0.2625	0.2568	0.2622	0.2640	0.2696	0.2878
陕西	0.2386	0.2386	0.2444	0.2565	0.2547	0.2519	0.2655	0.3410
甘肃	0.2555	0.2558	0.2543	0.2510	0.2508	0.2535	0.2550	0.2892
青海	0.1914	0.1829	0.1740	0.1659	0.1644	0.1651	0.1683	0.1719
宁夏	0.1363	0.1352	0.1333	0.1276	0.1239	0.1229	0.1213	0.1364
新疆	0.2454	0.2354	0.2234	0.2115	0.2088	0.2079	0.2070	0.2102

附录 2

附表 2　　　　　　经济发展水平变量敏感性分析结果

点估计	标准误	P 值	95% 置信区间		Q 值	I²
			下限	上限		
−0.2009	0.0464	0.0000	−0.2918	−0.1099	3056.7002	98.9858
−0.2620	0.0434	0.0000	−0.3471	−0.1769	2591.2824	98.8037
−0.2518	0.0404	0.0000	−0.3311	−0.1725	2129.2360	98.5441
−0.2451	0.0463	0.0000	−0.3359	−0.1543	3077.6324	98.9927
−0.2581	0.0460	0.0000	−0.3484	−0.1679	3033.0049	98.9779
−0.1791	0.0458	0.0001	−0.2689	−0.0893	2988.9213	98.9628
−0.2340	0.0464	0.0000	−0.3249	−0.1430	3099.1494	98.9997
−0.1962	0.0463	0.0000	−0.2870	−0.1055	3064.8082	98.9885
−0.2009	0.0463	0.0000	−0.2917	−0.1102	3031.9807	98.9776
−0.2014	0.0464	0.0000	−0.2923	−0.1104	3080.6640	98.9937
−0.2076	0.0461	0.0000	−0.2979	−0.1173	2944.4283	98.9472
−0.2083	0.0465	0.0000	−0.2995	−0.1171	3053.6792	98.9848
−0.2065	0.0455	0.0000	−0.2957	−0.1172	2848.1691	98.9116
−0.2060	0.0464	0.0000	−0.2970	−0.1150	3042.2744	98.9810
−0.2208	0.0481	0.0000	−0.3149	−0.1266	3073.6617	98.9914
−0.1933	0.0458	0.0000	−0.2831	−0.1034	2961.5926	98.9533

续表

点估计	标准误	P 值	95% 置信区间		Q 值	I²
			下限	上限		
− 0.1973	0.0463	0.0000	− 0.2881	− 0.1066	3073.9965	98.9915
− 0.1898	0.0461	0.0000	− 0.2801	− 0.0994	3020.0850	98.9735
− 0.2021	0.0464	0.0000	− 0.2931	− 0.1111	3074.3511	98.9917
− 0.1893	0.0457	0.0000	− 0.2788	− 0.0997	2944.4463	98.9472
− 0.2163	0.0471	0.0000	− 0.3085	− 0.1240	3007.6276	98.9693
− 0.2248	0.0559	0.0001	− 0.3344	− 0.1152	3093.8652	98.9980
− 0.2254	0.0479	0.0000	− 0.3193	− 0.1315	3105.8887	99.0019
− 0.2253	0.0498	0.0000	− 0.3228	− 0.1278	3104.3819	99.0014
− 0.2246	0.0557	0.0001	− 0.3337	− 0.1155	3101.4734	99.0005
− 0.2194	0.0460	0.0000	− 0.3094	− 0.1293	3104.6715	99.0015
− 0.2038	0.0463	0.0000	− 0.2945	− 0.1131	3093.1112	98.9978
− 0.2357	0.0466	0.0000	− 0.3270	− 0.1444	3094.6284	98.9983
− 0.2370	0.0465	0.0000	− 0.3283	− 0.1458	3092.9491	98.9977
− 0.2367	0.0464	0.0000	− 0.3276	− 0.1458	3095.1417	98.9984
− 0.2240	0.0498	0.0000	− 0.3216	− 0.1264	3105.8838	99.0019
− 0.2190	0.0469	0.0000	− 0.3108	− 0.1271	3101.0881	99.0004
− 0.2137	0.0467	0.0000	− 0.3052	− 0.1221	3091.5387	98.9973

附表3　　　　　城镇化水平变量敏感性分析结果

点估计	标准误	P 值	95% 置信区间		Q 值	I²
			下限	上限		
0.0643	0.0118	0.0000	0.0413	0.0873	267.6623	93.6487
0.0598	0.0121	0.0000	0.0361	0.0835	264.6121	93.5755
0.0644	0.0120	0.0000	0.0410	0.0879	274.4545	93.8059
0.0619	0.0124	0.0000	0.0376	0.0863	263.8281	93.5564
0.0646	0.0122	0.0000	0.0407	0.0885	273.9361	93.7942
0.0654	0.0124	0.0000	0.0411	0.0898	272.1668	93.7538
0.0678	0.0119	0.0000	0.0445	0.0911	274.9492	93.8170
0.0638	0.0119	0.0000	0.0405	0.0871	272.0998	93.7523
0.0632	0.0117	0.0000	0.0403	0.0862	264.6703	93.5769

续表

点估计	标准误	P 值	95%置信区间		Q 值	I²
			下限	上限		
0.0619	0.0118	0.0000	0.0387	0.0851	267.2118	93.6380
0.0653	0.0119	0.0000	0.0420	0.0887	275.1220	93.8209
0.0929	0.0150	0.0000	0.0636	0.1222	269.4855	93.6917
0.0670	0.0119	0.0000	0.0437	0.0902	273.7688	93.7904
0.1137	0.0179	0.0000	0.0786	0.1488	271.4668	93.7377
0.0695	0.0121	0.0000	0.0459	0.0932	278.3401	93.8924
0.1113	0.0171	0.0000	0.0778	0.1449	233.8540	92.7305
0.0663	0.0119	0.0000	0.0430	0.0896	276.1381	93.8437
0.0599	0.0098	0.0000	0.0207	0.0691	267.1591	92.8301
0.0615	0.0115	0.0000	0.0389	0.0841	254.5304	93.3210

附表 4　　　　　外商直接投资变量敏感性分析结果

点估计	标准误	P 值	95%置信区间		Q 值	I²
			下限	上限		
-0.0028	0.0034	0.4051	-0.0094	0.0038	102.9475	70.8589
-0.0021	0.0035	0.5495	-0.0090	0.0048	104.8341	71.3834
-0.0034	0.0034	0.3189	-0.0100	0.0033	102.0130	70.5920
-0.0026	0.0034	0.4476	-0.0092	0.0041	103.4135	70.9902
-0.0017	0.0035	0.6171	-0.0086	0.0051	102.9321	70.8546
-0.0022	0.0038	0.5598	-0.0098	0.0053	103.7002	71.0705
-0.0032	0.0033	0.3389	-0.0097	0.0033	99.7865	69.9358
-0.0026	0.0034	0.4486	-0.0093	0.0041	105.7005	71.6179
-0.0026	0.0038	0.4916	-0.0100	0.0048	105.6608	71.6073
-0.0024	0.0034	0.4710	-0.0090	0.0042	101.6652	70.4914
-0.0026	0.0034	0.4447	-0.0093	0.0041	105.5611	71.5804
-0.0030	0.0033	0.3657	-0.0094	0.0035	97.6795	69.2873
-0.0026	0.0034	0.4471	-0.0091	0.0040	102.1177	70.6221
-0.0013	0.0033	0.7077	-0.0078	0.0053	97.3455	69.1819
-0.0028	0.0035	0.4202	-0.0096	0.0040	105.5079	71.5661
-0.0043	0.0031	0.1603	-0.0103	0.0017	83.4244	64.0393

续表

点估计	标准误	P 值	95% 置信区间		Q 值	I²
			下限	上限		
− 0.0022	0.0034	0.5131	− 0.0089	0.0045	104.7542	71.3615
− 0.0019	0.0034	0.5726	− 0.0085	0.0047	101.7970	70.5296
− 0.0023	0.0034	0.5063	− 0.0090	0.0045	105.2414	71.4941
− 0.0022	0.0036	0.5352	− 0.0093	0.0048	105.0052	71.4300
− 0.0034	0.0034	0.3212	− 0.0100	0.0033	102.2825	70.6695
− 0.0024	0.0038	0.5324	− 0.0098	0.0051	105.2510	71.4967
− 0.0025	0.0035	0.4720	− 0.0094	0.0044	105.6989	71.6175
− 0.0026	0.0036	0.4594	− 0.0097	0.0044	105.6765	71.6115
− 0.0029	0.0038	0.4397	− 0.0103	0.0045	102.3633	70.6926
− 0.0024	0.0036	0.5181	− 0.0095	0.0048	105.3790	71.5313
− 0.0021	0.0034	0.5431	− 0.0088	0.0046	104.4626	71.2816
− 0.0024	0.0034	0.4871	− 0.0091	0.0043	104.9489	71.4147
− 0.0015	0.0034	0.6571	− 0.0081	0.0051	100.4314	70.1289
− 0.0020	0.0034	0.5618	− 0.0086	0.0047	102.0513	70.6030
− 0.0033	0.0034	0.3392	− 0.0100	0.0034	103.4293	70.9947
− 0.0043	0.0034	0.2054	− 0.0108	0.0023	91.8453	67.3364

附表 5　　　　　　　　　　产业结构变量敏感性分析结果

点估计	标准误	P 值	95% 置信区间		Q 值	I²
			下限	上限		
0.0207	0.0087	0.0172	0.0037	0.0377	469.2425	94.2460
0.0136	0.0076	0.0738	0.0013	0.0286	427.0801	93.6780
0.0199	0.0081	0.0144	0.0040	0.0358	501.3106	94.6141
0.0181	0.0082	0.0267	0.0021	0.0341	497.3886	94.5716
0.0213	0.0081	0.0087	0.0054	0.0372	506.0002	94.6640
0.0199	0.0081	0.0142	0.0040	0.0358	501.3480	94.6145
0.0187	0.0081	0.0207	0.0029	0.0345	494.2817	94.5375
0.0293	0.0104	0.0050	0.0088	0.0497	502.9101	94.6312
0.0252	0.0081	0.0018	0.0093	0.0410	489.7398	94.4869
0.0239	0.0081	0.0030	0.0081	0.0397	492.0783	94.5131

续表

点估计	标准误	P值	95%置信区间		Q值	I²
			下限	上限		
0.0275	0.0076	0.0003	0.0126	0.0424	421.1035	93.5883
0.0257	0.0081	0.0014	0.0099	0.0415	486.1456	94.4461
0.0211	0.0081	0.0093	0.0052	0.0370	505.1475	94.6550
0.0149	0.0076	0.0495	0.0000	0.0298	425.7663	93.6585
0.0206	0.0081	0.0115	0.0046	0.0365	504.3788	94.6469
0.0187	0.0079	0.0183	0.0032	0.0341	472.6595	94.2876
0.0189	0.0077	0.0146	0.0037	0.0341	450.0034	94.0000
0.0310	0.0109	0.0047	0.0095	0.0524	502.3531	94.6253
0.0244	0.0092	0.0078	0.0064	0.0423	504.0690	94.6436
0.0229	0.0084	0.0067	0.0063	0.0394	506.0162	94.6642
0.0196	0.0082	0.0163	0.0036	0.0356	502.3566	94.6253
0.0243	0.0084	0.0036	0.0079	0.0407	503.9382	94.6422
0.0234	0.0083	0.0051	0.0070	0.0397	505.4141	94.6578
0.0250	0.0091	0.0058	0.0072	0.0428	504.4996	94.6482
0.0210	0.0085	0.0138	0.0043	0.0378	502.3713	94.6255
0.0212	0.0081	0.0088	0.0054	0.0371	503.0797	94.6331
0.0204	0.0081	0.0116	0.0046	0.0363	502.2810	94.6245
0.0228	0.0081	0.0049	0.0069	0.0387	500.5428	94.6059
0.0166	0.0080	0.0382	0.0009	0.0323	481.3298	94.3905

附表6　　　　　能源结构变量敏感性分析结果

点估计	标准误	P值	95%置信区间		Q值	I²
			下限	上限		
0.3501	0.0375	0.0000	0.2766	0.4236	687.2999	98.3995
0.4038	0.0382	0.0000	0.3290	0.4787	724.5615	98.4818
0.3098	0.0353	0.0000	0.2407	0.3790	515.5047	97.8662
0.3595	0.0380	0.0000	0.2850	0.4339	701.6359	98.4322
0.3576	0.0381	0.0000	0.2828	0.4323	693.7168	98.4143
0.3729	0.0379	0.0000	0.2985	0.4472	721.9275	98.4763
0.4340	0.1321	0.0010	0.1751	0.6930	691.7978	98.4099

续表

点估计	标准误	P 值	95% 置信区间		Q 值	I^2
			下限	上限		
0.3362	0.0362	0.0000	0.2653	0.4071	533.7192	97.9390
0.4129	0.0386	0.0000	0.3373	0.4885	724.6158	98.4820
0.3733	0.0387	0.0000	0.2974	0.4491	709.5359	98.4497
0.3846	0.0385	0.0000	0.3092	0.4599	725.7443	98.4843
0.3417	0.0365	0.0000	0.2702	0.4133	547.4214	97.9906
0.4337	0.1335	0.0012	0.1720	0.6954	728.2240	98.4895

附表 7　　　　　　　　技术创新变量敏感性分析结果

点估计	标准误	P 值	95% 置信区间		Q 值	I^2
			下限	上限		
−0.0122	0.0233	0.6026	−0.0579	0.0336	266.3122	91.7390
−0.0136	0.0266	0.6081	−0.0658	0.0385	396.7551	94.4550
−0.0157	0.0262	0.5473	−0.0670	0.0355	403.4255	94.5467
−0.0167	0.0266	0.5308	−0.0688	0.0355	404.0151	94.5547
−0.0226	0.0260	0.3842	−0.0736	0.0283	405.5345	94.5751
−0.0194	0.0293	0.5064	−0.0768	0.0379	400.2470	94.5034
−0.0167	0.0260	0.5194	−0.0677	0.0342	403.2495	94.5443
−0.0190	0.0260	0.4640	−0.0699	0.0319	405.0684	94.5688
−0.0292	0.0257	0.2556	−0.0795	0.0211	394.1568	94.4185
−0.0163	0.0258	0.5269	−0.0668	0.0342	399.2566	94.4898
−0.0282	0.0261	0.2815	−0.0794	0.0231	401.7155	94.5235
−0.0249	0.0267	0.3524	−0.0773	0.0275	403.8195	94.5520
−0.0278	0.0257	0.2789	−0.0781	0.0225	395.1895	94.4331
−0.0083	0.0261	0.7490	−0.0595	0.0428	389.9202	94.3578
−0.0124	0.0263	0.6360	−0.0640	0.0391	369.9177	94.0527
−0.0172	0.0285	0.5476	−0.0731	0.0388	402.1138	94.5289
−0.0130	0.0265	0.6240	−0.0649	0.0390	380.1151	94.2123
−0.0196	0.0289	0.4980	−0.0763	0.0371	402.9246	94.5399
−0.0216	0.0272	0.4280	−0.0750	0.0318	405.5477	94.5752
−0.0227	0.0283	0.4230	−0.0781	0.0328	384.5612	94.2792

续表

点估计	标准误	P 值	95% 置信区间		Q 值	I²
			下限	上限		
−0.0329	0.0253	0.1927	−0.0825	0.0166	314.8221	93.0119
−0.0274	0.0262	0.2958	−0.0787	0.0239	402.6164	94.5357
−0.0414	0.0253	0.1015	−0.0910	0.0082	372.1261	94.0880
−0.0219	0.0266	0.4108	−0.0741	0.0303	405.9452	94.5805

附录 3

附表 8　　　　　　　　　　　　碳排放绩效预测结果

省区市	年份	真实值	BP 预测值	GA – BP 预测值	PSO – BP 预测值	GA – PSO – BP 预测值
北京	2017	0.7212	0.9334	0.6567	0.7837	0.8862
天津	2017	0.6466	0.6239	0.7682	0.5983	0.7326
河北	2017	0.3372	0.3371	0.3650	0.3967	0.3936
山西	2017	0.1929	0.1676	0.1214	0.2856	0.1982
内蒙古	2017	0.2612	0.2284	0.1971	0.2854	0.2822
辽宁	2017	0.4161	0.4555	0.3969	0.4025	0.4188
吉林	2017	0.3577	0.2614	0.3661	0.3487	0.2857
黑龙江	2017	0.4460	0.4207	0.4115	0.3777	0.3618
上海	2017	1.0025	0.7449	0.8614	0.8341	0.9165
江苏	2017	0.6208	0.6813	0.4677	0.6690	0.6081
浙江	2017	0.5523	0.7290	0.5804	0.4872	0.5570
安徽	2017	0.4070	0.4150	0.3272	0.3662	0.3950
福建	2017	0.6251	0.5827	0.5896	0.6148	0.6708
江西	2017	0.4390	0.4778	0.4319	0.4377	0.4484
山东	2017	0.4528	0.4510	0.5318	0.5087	0.4636
河南	2017	0.3453	0.2860	0.4048	0.4119	0.3959
湖北	2017	0.5524	0.4632	0.4426	0.5261	0.4829
湖南	2017	0.4650	0.4768	0.4717	0.4697	0.5042
广东	2017	1.0301	0.9120	1.0494	0.9398	0.8333
广西	2017	0.3308	0.2179	0.3488	0.2678	0.3086
海南	2017	0.3553	0.3258	0.3516	0.3827	0.3594

续表

省区市	年份	真实值	BP 预测值	GA - BP 预测值	PSO - BP 预测值	GA - PSO - BP 预测值
重庆	2017	0.4602	0.3562	0.5506	0.3754	0.4706
四川	2017	0.4971	0.3729	0.4916	0.4701	0.4516
贵州	2017	0.2006	0.0649	0.1800	0.2216	0.1971
云南	2017	0.2696	0.2124	0.3483	0.2995	0.3325
陕西	2017	0.2655	0.2647	0.2543	0.3037	0.2308
甘肃	2017	0.2550	0.1651	0.3389	0.1775	0.2275
青海	2017	0.1683	0.1827	0.2930	0.2735	0.3220
宁夏	2017	0.1213	0.1264	0.2126	0.2145	0.1423
新疆	2017	0.2070	0.1840	0.2655	0.2025	0.2235
北京	2018	1.1034	0.8248	0.6769	0.7953	0.9272
天津	2018	0.6720	0.4132	0.8693	0.5209	0.6693
河北	2018	0.3230	0.4385	0.4228	0.4491	0.3932
山西	2018	0.2491	0.1465	0.1477	0.3101	0.1531
内蒙古	2018	0.2997	0.1794	0.2273	0.2726	0.2687
辽宁	2018	0.4407	0.4385	0.4900	0.4088	0.4361
吉林	2018	0.4313	0.2605	0.3652	0.3327	0.2659
黑龙江	2018	0.4814	0.4220	0.4153	0.3633	0.3506
上海	2018	1.0721	0.7406	0.8586	0.8312	0.9789
江苏	2018	0.6265	0.6730	0.5882	0.6208	0.6936
浙江	2018	0.6007	0.6362	0.6140	0.4566	0.6306
安徽	2018	0.4094	0.4128	0.3087	0.4225	0.4151
福建	2018	0.5920	0.4366	0.5555	0.5530	0.5388
江西	2018	0.4386	0.4997	0.4374	0.4385	0.4802
山东	2018	0.4647	0.4057	0.5194	0.4661	0.5045
河南	2018	0.3671	0.3160	0.4231	0.4560	0.4273
湖北	2018	0.5835	0.5119	0.4765	0.5422	0.5333
湖南	2018	0.4739	0.5382	0.5372	0.5049	0.5473
广东	2018	1.0923	1.0667	1.1460	0.8665	0.8351
广西	2018	0.3431	0.2269	0.3668	0.3011	0.3364
海南	2018	0.3999	0.4423	0.3961	0.4919	0.4406

续表

省区市	年份	真实值	BP 预测值	GA - BP 预测值	PSO - BP 预测值	GA - PSO - BP 预测值
重庆	2018	0.5469	0.3857	0.5089	0.3637	0.4494
四川	2018	0.4857	0.4382	0.4166	0.3942	0.4045
贵州	2018	0.2254	0.1181	0.2338	0.2368	0.1971
云南	2018	0.2878	0.2171	0.4009	0.3169	0.4018
陕西	2018	0.3410	0.2902	0.2230	0.3429	0.2717
甘肃	2018	0.2892	0.1506	0.3510	0.1721	0.2201
青海	2018	0.1719	0.2266	0.2841	0.2753	0.3497
宁夏	2018	0.1364	0.1050	0.2034	0.2172	0.1208
新疆	2018	0.2102	0.1712	0.2756	0.2093	0.2065

参 考 文 献

［1］WMO. State of the Global Climate 2020 ［R］. 2021.

［2］IPCC. Climate Change 2014: mitigation of climate change ［R］. 2014.

［3］UNFCCC. Paris Agreement ［R］. 2015.

［4］IPCC. Global warming of 1.5℃ ［R］. 2018.

［5］项目综合报告编写组.《中国长期低碳发展战略与转型路径研究》综合报告 ［J］. 中国人口·资源与环境, 2020, 30 (11): 1 - 25.

［6］Walter I, Ugelow J L. Environmental Policies in Developing Countries ［J］. Ambio, 1979, 8 (23): 102 - 109.

［7］Feng L, Liao W. Legislation, Plans, and Policies for Prevention and Control of Air Pollution in China: Achievements, Challenges, and Improvements ［J］. Journal of Cleaner Production, 2016, 112: 1549 - 1558.

［8］李昭华, 蒋冰冰. 欧盟环境规制对我国纺织品与服装出口的绿色壁垒效应——基于我国四种纺织品与服装出口欧盟 11 国的面板数据分析: 1990～2006 ［J］. 中国工业经济, 2009 (6): 130 - 140.

［9］李钢, 刘鹏. 钢铁行业环境管制标准提升对企业行为与环境绩效的影响 ［J］. 中国人口·资源与环境, 2015, 25 (12): 8 - 14.

［10］Levinson A. Environmental Regulations and Manufacturers' Location Choices: Evidence From the Census of Manufactures ［J］. Journal of Public Economics, 1996, 62 (1 - 2): 5 - 29.

［11］Matthew A, Cole A, Per G, et al. Institutionalized Pollution Havens ［J］. Ecological Economics, 2009, 68 (4): 1239 - 1256.

[12] Zhao X, Liu C, Yang M. The Effects of Environmental Regulation on China's Total Factor Productivity: An Empirical Study of Carbon – intensive Industries [J]. Journal of Cleaner Production, 2018, 179 (1): 325 – 334.

[13] 孔祥利, 毛毅. 我国环境规制与经济增长关系的区域差异分析——基于东、中、西部面板数据的实证研究 [J]. 南京师范大学学报 (社会科学版), 2010 (1): 56 – 60, 74.

[14] 张华, 魏晓平. 绿色悖论抑或倒逼减排——环境规制对碳排放影响的双重效应 [J]. 中国人口·资源与环境, 2014, 24 (9): 21 – 29.

[15] 张明, 李曼. 经济增长和环境规制对雾霾的区际影响差异 [J]. 中国人口·资源与环境, 2017, 27 (9): 23 – 34.

[16] 蔡乌赶, 李青青. 环境规制对企业生态技术创新的双重影响研究 [J]. 科研管理, 2019, 40 (10): 87 – 95.

[17] 陶静, 胡雪萍. 环境规制对中国经济增长质量的影响研究 [J]. 中国人口·资源与环境, 2019, 29 (6): 85 – 96.

[18] Dam L, Scholtens B. The Curse of the Haven: The Impact of Multinational Enterprise on Environmental Regulation [J]. Ecological Economics, 2012 (78): 148 – 156.

[19] Wang Y, Sun X, Guo X. Environmental Regulation and Green Productivity Growth: Empirical Evidence On the Porter Hypothesis From OECD Industrial Sectors [J]. Energy Policy, 2019 (132): 611 – 619.

[20] 熊艳. 基于省际数据的环境规制与经济增长关系 [J]. 中国人口·资源与环境, 2011, 21 (5): 126 – 131.

[21] 秦楠, 刘李华, 孙早. 环境规制对就业的影响研究——基于中国工业行业异质性的视角 [J]. 经济评论, 2018 (1): 106 – 119.

[22] Gray W B, Shadbegian R J. Plant vintage, technology, and environmental regulation [J]. Journal of Environmental Economics and Management, 2003, 46 (3): 384 – 402.

[23] 袁宝龙. 制度与技术双 "解锁" 是否驱动了中国制造业绿色发展?

[J]. 中国人口资源与环境, 2018, 28 (3): 117-127.

[24] Porter M E, Linde C. Towards a New Conception of the Environment - Competitiveness Relationship [J]. Journal of Economic Perspectives, 1995, 9 (4): 97-118.

[25] Lanoie P, Patry M, Lajeunesse R. Environmental Regulation and Productivity: Testing the Porter Hypothesis [J]. Journal of Productivity Analysis, 2008, 30 (2): 121-128.

[26] Rubashkina Y, Galeotti M, Verdolini E. Environmental Regulation and Competitiveness: Empirical Evidence on the Porter Hypothesis from European Manufacturing Sectors [J]. Energy Policy, 2015 (83): 288-300.

[27] 王超, 李真真, 蒋萍. 环境规制政策对中国重污染工业行业技术创新的影响机制研究 [J]. 科研管理, 2021, 42 (2): 88-99.

[28] 张泽义, 徐宝亮. 规制强度、影子经济与污染排放 [J]. 经济与管理研究, 2017, 38 (11): 100-111.

[29] 王丽霞, 陈新国, 姚西龙, 等. 我国工业企业对环境规制政策的响应度研究 [J]. 中国软科学, 2017 (10): 143-152.

[30] 王书斌, 檀菲非. 环境规制约束下的雾霾脱钩效应——基于重污染产业转移视角的解释 [J]. 北京理工大学学报 (社会科学版), 2017, 19 (4): 1-7.

[31] 斯丽娟, 曹昊煜. 排污权交易对污染物排放的影响——基于双重差分法的准自然实验分析 [J]. 管理评论, 2020, 32 (12): 15-26.

[32] 雷玉桃, 孙菁靖, 黄征学. 城市群经济、环境规制与减霾效应——基于中国三大城市群的实证研究 [J]. 宏观经济研究, 2021 (1): 131-149.

[33] 郭文. 环境规制影响区域能源效率的阈值效应 [J]. 软科学, 2016, 30 (11): 61-65.

[34] 徐敏燕, 左和平. 集聚效应下环境规制与产业竞争力关系研究——基于"波特假说"的再检验 [J]. 中国工业经济, 2013 (3): 72-84.

[35] 史贝贝, 冯晨, 张妍, 等. 环境规制红利的边际递增效应 [J]. 中国工业经济, 2017 (12): 40-58.

[36] 齐绍洲, 徐佳. 环境规制与制造业低碳国际竞争力——基于二十国集

团"波特假说"的再检验［J］. 武汉大学学报（哲学社会科学版），2018，71（1）：132 – 144.

［37］吴磊，贾晓燕，吴超，等. 异质型环境规制对中国绿色全要素生产率的影响［J］. 中国人口·资源与环境，2020，30（10）：82 – 92.

［38］王文寅，刘佳. 环境规制与全要素生产率之间的门槛效应分析——基于 HDI 分区和 ACF 法［J］. 经济问题，2021（2）：53 – 60.

［39］Galeotti M，Lanza A. Desperately Seeking Environmental Kuznets［J］. Environmental Modelling & Software，2005，20（11）：1379 – 1388.

［40］Saboori B，Sulaiman J，Mohd S. Economic Growth and CO_2 Emissions in Malaysia：A Cointegration Analysis of the Environmental Kuznets Curve［J］. Energy Policy，2012（51）：184 – 191.

［41］李国志，李宗植. 中国二氧化碳排放的区域差异和影响因素研究［J］. 中国人口·资源与环境，2010，20（5）：22 – 27.

［42］刘海英，安小甜. 环境税的工业污染减排效应——基于环境库兹涅茨曲线（EKC）检验的视角［J］. 山东大学学报（哲学社会科学版），2018（3）：29 – 38.

［43］尹自华，成金华，陈文会，等. 我国低碳转型进程中碳强度与电气化环境库兹涅茨倒 U 形关联的检验与政策启示［J］. 中国环境管理，2021，13（3）：40 – 47.

［44］Wang K M. Modelling the Nonlinear Relationship between CO_2 Emissions from Oil and Economic Growth［J］. Economic Modelling，2012，29（5）：1537 – 1547.

［45］石琳. EKC 曲线的再检验——基于城市生活垃圾的分析［J］. 经济问题探索，2019（1）：28 – 37.

［46］许华，王莹. EKC 视角下陕西经济增长与碳排放量实证研究［J］. 调研世界，2021（1）：54 – 59.

［47］武春桃. 城镇化对中国农业碳排放的影响——省际数据的实证研究［J］. 经济经纬，2015，32（1）：12 – 18.

［48］牛鸿蕾. 中国城镇化碳排放效应的实证检验［J］. 统计与决策，2019，

35（6）：138－142.

[49] 王世进. 新型城镇化对我国碳排放的影响机理与区域差异研究 [J]. 现代经济探讨, 2017（7）：103－109.

[50] 张忠杰, 李真真, 李宪慧. 金融发展、城镇化对人均能源消费碳排放的影响 [J]. 统计与决策, 2020, 36（8）：106－110.

[51] 王鑫静, 程钰. 城镇化对碳排放效率的影响机制研究——基于全球118个国家面板数据的实证分析 [J]. 世界地理研究, 2020, 29（3）：503－511.

[52] 唐李伟, 胡宗义, 苏静, 等. 城镇化对生活碳排放影响的门槛特征与地区差异 [J]. 管理学报, 2015, 12（2）：291－298.

[53] 张玉华, 张涛. 改革开放以来科技创新、城镇化与碳排放 [J]. 中国科技论坛, 2019（4）：28－34, 57.

[54] Zarsky L. Havens, Halos and Spaghetti: Untangling the Evidence about Foreign Direct Investment and the Environment [J]. Foreign Direct Investment & the Environment OECD Proceedings, 1999：47－74.

[55] Antweiler W, Copeland B R, Taylor M S. Is Free Trade Good for the Environment? [J]. American Economic Review, 2001, 91（4）：877－908.

[56] 彭红枫, 华雨. 外商直接投资与经济增长对碳排放的影响——来自地区面板数据的实证 [J]. 科技进步与对策, 2018, 35（15）：23－28.

[57] 高宏伟, 程仕英. 外商直接投资与碳排放规模——基于山西省的实证研究 [J]. 经济问题, 2017（4）：113－115, 119.

[58] 冉启英, 任思雨. 外商直接投资、新型城市化与中国碳排放 [J]. 贵州财经大学学报, 2019（2）：83－90.

[59] 王晓林, 张华明. 外商直接投资碳排放效应研究——基于城镇化门限面板模型 [J]. 预测, 2020, 39（1）：59－65.

[60] Zhu B, Shan H Y. Impacts of Industrial Structures Reconstructing on Carbon Emission and Energy Consumption: A Case of Beijing [J]. Journal of Cleaner Production, 2019, 245：118916. 1－118916. 16.

[61] Dong B Y, Ma X J, Zhang Z L, et al. Carbon Emissions, the Industrial

Structure and Economic Growth: Evidence from Heterogeneous Industries in China [J]. Environmental Pollution, 2020, 262: 114322. 1 – 114322. 20.

[62] Wei W, Zhang M. The Non – linear Impact of Industrial Structure on CO_2 Emissions in China [J]. Applied Economics Letters, 2020, 27 (7): 576 – 579.

[63] Wang F, Sun X Y, David M. Reiner, et al. Changing Trends of the Elasticity of China's Carbon Emission Intensity to Industry Structure and Energy Efficiency [J]. Energy Economics, 2020, 86 (2): 104679. 1 – 104679. 17.

[64] Shafiei S, Salim R A. Non – renewable and Renewable Energy Consumption and CO_2 Emissions in OECD Countries: A Comparative Analysis [J]. Energy Policy, 2014, 66: 547 – 556.

[65] Zafar M W, Shahbaz M, Sinha A, et al. How Renewable Energy Consumption Contribute to Environmental Quality? The Role of Education in OECD Countries [J]. Journal of Cleaner Production, 2020, 268 (9), 122149. 1 – 122149. 20.

[66] Lin X, Zhu X, Han Y, et al. Economy and Carbon Dioxide Emissions Effects of Energy Structures in the World: Evidence Based on SBM – DEA Model [J]. Science of The Total Environment, 2020, 729 (6): 138947. 1 – 138947. 17.

[67] 王锋, 冯根福. 优化能源结构对实现中国碳强度目标的贡献潜力评估 [J]. 中国工业经济, 2011 (4): 127 – 137.

[68] Zhao L X, Yang C X. Research on the Impact of New and Renewable Energy Replacing Fossil Energy Resource under Constraint of Carbon Emissions [J]. China Petroleum Processing & Petrochemical Technology, 2019, 21 (4): 58 – 67.

[69] Wang Y, Dong Y, Xu J, et al. Using the Improved CGE Model to Assess the Impact of Energy Structure Changes on Macroeconomics and the Carbon Market: An Application to China [J]. Emerging Markets Finance and Trade, 2019, 12: 2093 – 2112.

[70] 胡中应. 技术进步、技术效率与中国农业碳排放 [J]. 华东经济管理, 2018, 32 (6): 100 – 105.

[71] 韩川. 技术进步对中国工业碳排放的影响分析 [J]. 大连理工大学学

报（社会科学版），2018，39（2）：65－73.

[72] 殷贺，王为东，王露，等．低碳技术进步如何抑制碳排放？——来自中国的经验证据 [J]．管理现代化，2020，40（5）：90－94.

[73] Yang L, Li Z. Technology Advance and the Carbon Dioxide Emission China—Empirical Research Based on the Rebound Effect [J]. Energy Policy, 2017, 101（2）：150－161.

[74] 杨莉莎，朱俊鹏，贾智杰．中国碳减排实现的影响因素和当前挑战——基于技术进步的视角 [J]．经济研究，2019，54（11）：118－132.

[75] 徐德义，马瑞阳，朱永光．技术进步能抑制中国二氧化碳排放吗？——基于面板分位数模型的实证研究 [J]．科技管理研究，2020，40（16）：251－259.

[76] 路正南，冯阳．技术进步视角下环境规制对碳排放绩效的影响 [J]．科技管理研究，2016，36（17）：229－234.

[77] 张先锋，韩雪，吴椒军．环境规制与碳排放："倒逼效应"还是"倒退效应"——基于2000~2010年中国省际面板数据分析 [J]．软科学，2014，28（7）：136－139，144.

[78] 马海良，董书丽．不同类型环境规制对碳排放效率的影响 [J]．北京理工大学学报（社会科学版），2020，22（4）：1－10.

[79] 雷明，虞晓雯．地方财政支出、环境规制与我国低碳经济转型 [J]．经济科学，2013（5）：47－61.

[80] 王怡，孙菲．我国省域碳排放量与经济增长、环境规制、产业结构和居民生活消费间关系的实证分析 [J]．技术经济，2012，31（5）：77－81，86.

[81] 徐盈之，杨英超，郭进．环境规制对碳减排的作用路径及效应——基于中国省级数据的实证分析 [J]．科学学与科学技术管理，2015，36（10）：135－146.

[82] 王艳丽，王根济．环境规制、工业结构变动与碳生产率增长——基于1998~2013年省级工业行业动态面板数据的实证检验 [J]．经济与管理，2016，30（6）：73－80.

［83］蓝虹，王柳元．绿色发展下的区域碳排放绩效及环境规制的门槛效应研究——基于 SE – SBM 与双门槛面板模型［J］．软科学，2019，33（8）：73 – 77，97．

［84］田秀杰，唐蕊，周春雨．基于碳排放视角的政府环境治理政策效果研究［J］．调研世界，2020，4（3）：30 – 36．

［85］马歆，薛天天，WAQAS ALI，等．环境规制约束下区域创新对碳压力水平的影响研究［J］．管理学报，2019，16（1）：85 – 95．

［86］臧良震，张彩虹，张兰．我国省域 CO_2 排放量的动态演进分析——兼论与环境规制和造林活动之间的关系［J］．经济与管理，2013，27（12）：63 – 68．

［87］Ramanathan R，He Q，Black A，et al. Environmental Regulations, Innovation and Firm Performance: A Revisit of the Porter Hypothesis［J］. Journal of Cleaner Production，2016，155（2）：79 – 92．

［88］何小钢，张耀辉．行业特征、环境规制与工业 CO_2 排放——基于中国工业 36 个行业的实证考察［J］．经济管理，2011，33（11）：17 – 25．

［89］李强．正式与非正式环境规制的减排效应研究——以长江经济带为例［J］．现代经济探讨，2018，437（5）：92 – 99．

［90］江心英，赵爽．双重环境规制视角下 FDI 是否抑制了碳排放——基于动态系统 GMM 估计和门槛模型的实证研究［J］．国际贸易问题，2019，435（3）：115 – 130．

［91］张华，冯烽．非正式环境规制能否降低碳排放？——来自环境信息公开的准自然实验［J］．经济与管理研究，2020，41（8）：62 – 80．

［92］许慧．低碳经济发展与政府环境规制研究［J］．财经问题研究，2014，362（1）：112 – 117．

［93］王红梅．中国环境规制政策工具的比较与选择——基于贝叶斯模型平均（BMA）方法的实证研究［J］．中国人口·资源与环境，2016，26（9）：132 – 138．

［94］陈平，罗艳．环境规制促进了我国碳排放公平性吗？——基于环境规制工具分类视角［J］．云南财经大学学报，2019，35（11）：15 – 25．

［95］范丹，孙晓婷．环境规制、绿色技术创新与绿色经济增长［J］．中国人口·资源与环境，2020，30（6）：105－115.

［96］吴茵茵，齐杰，鲜琴，等．中国碳市场的碳减排效应研究——基于市场机制与行政干预的协同作用视角［J］．中国工业经济，2021（8）：114－132.

［97］刘传江，胡威，吴晗晗．环境规制、经济增长与地区碳生产率——基于中国省级数据的实证考察［J］．财经问题研究，2015（10）：31－37.

［98］李小平，王树柏，郝路露．环境规制、创新驱动与中国省际碳生产率变动［J］．中国地质大学学报（社会科学版），2016，16（1）：44－54.

［99］王馨康，任胜钢，李晓磊．不同类型环境政策对我国区域碳排放的差异化影响研究［J］．大连理工大学学报（社会科学版），2018，39（2）：55－64.

［100］于向宇，李跃，陈会英，等．"资源诅咒"视角下环境规制、能源禀赋对区域碳排放的影响［J］．中国人口·资源与环境，2019，29（5）：52－60.

［101］张金鑫，王红玲．环境规制、农业技术创新与农业碳排放［J］．湖北大学学报（哲学社会科学版），2020，47（4）：147－156.

［102］张华．环境规制提升了碳排放绩效吗？——空间溢出视角下的解答［J］．经济管理，2014，36（12）：166－175.

［103］毛明明，邓雨寒，孙建．中国区域碳排放环境管制溢出效应研究［J］．科技管理研究，2016，36（7）：235－239.

［104］孙建，柴泽阳．中国区域环境规制"绿色悖论"空间面板研究［J］．统计与决策，2017（15）：137－141.

［105］李珊珊，罗良文．地方政府竞争下环境规制对区域碳生产率的非线性影响——基于门槛特征与空间溢出视角［J］．商业研究，2019（1）：88－97.

［106］郭卫香，孙慧．环境规制、技术创新对全要素碳生产率的影响研究——基于中国省域的空间面板数据分析［J］．科技管理研究，2020，40（23）：239－247.

［107］Mielnik O, Goldemberg J. Communication the Evolution of the "Carbonization Index" in Developing Countries［J］. Energy Policy, 1999, 27 (5): 307－308.

［108］Ang B W. Is the Energy Intensity a Less Useful Indicator than the Carbon Factor in the Study of Climate Change? ［J］. Energy Policy, 1999, 27 (15): 943－

946.

[109] 何建坤，苏明山．应对全球气候变化下的碳生产率分析［J］．中国软科学，2009（10）：42 – 47，147.

[110] Hu J L，Wang S C. Total – factor Energy Efficiency of Regions in China ［J］. Energy Policy，2006，34（17）：3206 – 3217.

[111] Fare R，Grosskopf S，Lovell C A K，et al. Multilateral Productivity Comparisons When Some Outputs are Undesirable：A Nonparametric Approach ［J］. Reviews of Economics & Statistics，1989，71（1）：90 – 98.

[112] Zaim O，Taskin F. Environmental Efficiency in Carbon Dioxide Emissions in the OECD：A Non – parametric Approach ［J］. Journal of Environmental Management，2000，58（2）：95 – 107.

[113] 李欣，曹建华．环境规制的污染治理效应：研究述评［J］．技术经济，2018（6）：83 – 92.

[114] 植草益．微观规则经济学［M］．北京：中国发展出版社，1992.

[115] 潘家华．持续发展途径的经济学分析［M］．北京：社会科学文献出版社，1993.

[116] 沈芳．环境规制的工具选择：成本与收益的不确定性及诱发性技术革新的影响［J］．当代财经，2004（6）：10 – 12.

[117] 李旭颖．企业创新与环境规制互动影响分析［J］．科学学与科学技术管理，2008（6）：61 – 65.

[118] 张红凤，张细松．环境规制理论研究［M］．北京：北京大学出版社，2012.

[119] 赵敏．环境规制的经济学理论根源探究［J］．经济问题探索，2013（4）：152 – 155.

[120] 陈璇，钱薇雯．环境规制与行业异质性对制造业企业技术创新的影响——基于我国沿海与内陆地区的比较［J］．科技管理研究，2019，39（1）：111 – 117.

[121] 苏昕，周升师．双重环境规制、政府补助对企业创新产出的影响及调

节 [J]. 中国人口·资源与环境, 2019, 29 (3): 31 – 39.

[122] 廖文龙, 董新凯, 翁鸣, 等. 市场型环境规制的经济效应: 碳排放交易、绿色创新与绿色经济增长 [J]. 中国软科学, 2020 (6): 159 – 173.

[123] 潘翻番, 徐建华, 薛澜. 自愿型环境规制: 研究进展及未来展望 [J]. 中国人口·资源与环境, 2020, 30 (1): 74 – 82.

[124] Wang Y, Shen N. Environmental Regulation and Environmental Productivity: The Case of China [J]. Renewable and Sustainable Energy Reviews, 2016, 62: 758 – 766.

[125] Yuan B, Xiang Q. Environmental Regulation, Industrial Innovation and Green Development of Chinese Manufacturing: Based on an Extended CDM Model [J]. Journal of Cleaner Production, 2018, 176 (1): 895 – 908.

[126] Ren S, Li X, Yuan B, et al. The Effects of Three Types of Environmental Regulation on Eco – efficiency: A Cross – region Analysis in China [J]. Journal of Cleaner Production, 2018, 173: 245 – 255.

[127] 叶琴, 曾刚, 戴劭勋, 等. 不同环境规制工具对中国节能减排技术创新的影响——基于 285 个地级市面板数据 [J]. 中国人口·资源与环境, 2018 (2): 115 – 122.

[128] Wang Y, Yan W, Ma D, et al. Carbon Emissions and Optimal Scale of China's Manufacturing Agglomeration under Heterogeneous Environmental Regulation [J]. Journal of Cleaner Production, 2018, 176: 140 – 150.

[129] 赵玉民, 朱方明, 贺立龙. 环境规制的界定、分类与演进研究 [J]. 中国人口·资源与环境, 2009, 19 (6): 85 – 90.

[130] Xie R, Yuan Y, Huang J. Different Types of Environmental Regulations and Heterogeneous Influence on "Green" Productivity: Evidence from China [J]. Ecological Economics, 2017, 132: 104 – 112.

[131] 张国兴, 冯祎琛, 王爱玲. 不同类型环境规制对工业企业技术创新的异质性作用研究 [J]. 管理评论, 2021, 33 (1): 92 – 102.

[132] 赵立祥, 冯凯丽, 赵蓉. 异质性环境规制、制度质量与绿色全要素生

产率的关系 [J]. 科技管理研究, 2020, 40 (22): 214 - 222.

[133] 李青原, 肖泽华. 异质性环境规制工具与企业绿色创新激励——来自上市企业绿色专利的证据 [J]. 经济研究, 2020, 55 (9): 192 - 208.

[134] 高艺, 杨高升, 谢秋皓. 公众参与理论视角下环境规制对绿色全要素生产率的影响——基于空间计量模型与门槛效应的检验 [J]. 科技管理研究, 2020, 40 (11): 232 - 240.

[135] Grossman G M, Krueger A B. Economic Growth and the Environment [J]. Quarterly Journal of Economics, 1995, 110 (2): 353 - 377.

[136] Gray W B. The cost of regulation: OSHA, EPA and the productivity slowdown [J]. The American Economic Review, 1987, 77 (5): 998 - 1006.

[137] Gray W B, Shadbegian R J. Plant vintage, technology, and environmental regulation [J]. Journal of Environmental Economics and Management, 2003, 46 (3): 384 - 402.

[138] Porter M E, Linde C. Towards a New Conception of the Environment - Competitiveness Relationship [J]. Journal of Economic Perspectives, 1995, 4: 97 - 118.

[139] Lanoie P, Patry M, Lajeunesse R. Environmental regulation and productivity: testing the porter hypothesis [J]. Journal of Productivity Analysis, 2008, 30 (2): 121 - 128.

[140] Zarsky L. Havens, Halos and Spaghetti: Untangling the Evidence about Foreign Direct Investment and the Environment [J]. Foreign Direct Investment and the Environment, 1999: 47 - 74.

[141] Walter I, Ugelow J. Environmental policies in developing Countries, Ambio [J]. Journal of World Trade, 1979: 102 - 109.

[142] Eggleston S. IPCC Guidelines for National Greenhouse Gas Inventories [J]. Energy, 2006, 2: 48 - 56.

[143] 刘竹, 关大博, 魏伟. 中国二氧化碳排放数据核算 [J]. 中国科学: 地球科学, 2018, 48 (7): 878 - 887.

[144] Liu Z, Guan D, Wei W, et al. Reduced Carbon Emission Estimates from Fossil Fuel Combustion and Cement Production in China [J]. Nature, 2015, 524 (7565): 335 - 338.

[145] Charnes A, Cooper W W, Rhodes E. Measuring the efficiency of decision making units [J]. European Journal of Operational Research, 1978, 2 (6): 429 - 444.

[146] Farrell M. The Measurement of Production Efficiency [J]. Journal of the Royal Statistical Society, 1957, 120: 253 - 290.

[147] Tone K. A Slacks - based Measure of Efficiency in Data Envelopment Analysis [J]. European Journal of Operational Research, 2001, 130 (3): 498 - 509.

[148] 刘军航, 杨涓鸿. 基于混合方向性距离函数的长三角地区碳排放绩效评价 [J]. 工业技术经济, 2020, 39 (11): 54 - 61.

[149] 李焱, 李佳蔚, 王炜瀚, 等. 全球价值链嵌入对碳排放效率的影响机制——"一带一路"沿线国家制造业的证据与启示 [J]. 中国人口·资源与环境, 2021, 31 (7): 15 - 26.

[150] 张军, 吴桂英, 张吉鹏. 中国省际物质资本存量估算 1952 ~ 2000 [J]. 经济研究. 2004 (10): 35 - 44.

[151] 单豪杰. 中国资本存量 K 的再估算: 1952 ~ 2006 年 [J]. 数量经济技术经济研究, 2008, 25 (10): 17 - 31.

[152] Glass G V. Primary, Secondary, and Meta - analysis of Research [J]. Educational Researcher, 1976, 5 (10): 3 - 5.

[153] Therese, D, Pigott. Methods of Meta - analysis: Correcting Error and Bias in Research Findings [J]. Evaluation and Program Planning, 2006, 29 (3): 236 - 237.

[154] Ankem K. Approaches to Meta - analysis: A Guide for LIS Researchers [J]. Library & Information Science Research, 2005, 27 (2): 164 - 176.

[155] Lipsey M W, Wilson D B. Practical Meta - analysis [M]. Sage Publications, 2001.

[156] 李子豪, 刘辉煌. 外商直接投资、技术进步和二氧化碳排放——基于

中国省际数据的研究 [J]. 科学学研究, 2011, 29 (10)：1495-1503.

[157] 李锴, 齐绍洲. 贸易开放、经济增长与中国二氧化碳排放 [J]. 经济研究, 2011, 46 (11)：60-72, 102.

[158] 田泽永, 张明. 外商直接投资与城市化对中国碳排放的影响研究——基于我国省级行政区际视角 [J]. 科技管理研究, 2015, 35 (15)：240-244.

[159] 孙金彦, 刘海云. 对外贸易、外商直接投资对城市碳排放的影响——基于中国省级面板数据的分析 [J]. 城市问题, 2016, 252 (7)：75-80.

[160] 张艳. 技术进步对我国碳排放强度的影响研究 [D]. 合肥：安徽财经大学, 2016.

[161] 张兵兵, 朱晶, 全晓云. 技术进步与二氧化碳排放强度：理论与实证分析 [J]. 科研管理, 2017, 38 (12)：41-48.

[162] 黄鲜华, 边娜, 石欣. 能源禀赋与产业技术进步对碳排放强度的影响效应研究——来自长江经济带的实证 [J]. 科技进步与对策, 2018, 35 (19)：59-64.

[163] 邓玉如. 中国技术进步、经济增长与碳排放强度的关系研究 [D]. 北京：北京化工大学, 2019.

[164] 邵帅, 张可, 豆建民. 经济集聚的节能减排效应：理论与中国经验 [J]. 管理世界, 2019, 35 (1)：36-60, 226.

[165] 谢波, 徐琪. 产业集聚、外商直接投资与碳减排——基于中介效应与面板门槛模型分析 [J]. 技术经济, 2019, 38 (12)：120-125.

[166] 潘婷. 低碳技术进步对碳排放强度的影响研究 [D]. 广州：华南理工大学, 2019.

[167] 孙丽文, 李翼凡, 任相伟. 产业结构升级、技术创新与碳排放——一个有调节的中介模型 [J]. 技术经济, 2020, 39 (6)：1-9.

[168] 杨杰煜. 环境规制、产业结构升级对碳排放的影响研究 [D]. 成都：成都理工大学, 2020.

[169] 丁茜. 技术进步对中国碳排放的影响机制及实证研究 [D]. 杭州：浙江工商大学, 2020.

[170] 路正南, 罗雨森. 中国双向 FDI 对二氧化碳排放强度的影响效应研究 [J]. 统计与决策, 2020, 36 (7): 81 - 84.

[171] 丁斐, 庄贵阳, 刘东. 环境规制、工业集聚与城市碳排放强度——基于全国 282 个地级市面板数据的实证分析 [J]. 中国地质大学学报 (社会科学版), 2020, 20 (3): 90 - 104.

[172] 任晓松, 刘宇佳, 赵国浩. 经济集聚对碳排放强度的影响及传导机制 [J]. 中国人口·资源与环境, 2020, 30 (4): 95 - 106.

[173] 李静然. 外商直接投资对中国碳排放强度的影响研究 [D]. 乌鲁木齐: 新疆大学, 2020.

[174] 张华, 冯烽. 非正式环境规制能否降低碳排放?——来自环境信息公开的准自然实验 [J]. 经济与管理研究, 2020, 41 (8): 62 - 80.

[175] 陈冠宇. 环境规制对碳排放强度的作用路径研究 [D]. 暨南大学, 2020.

[176] 朱欢, 郑洁, 赵秋运, 等. 经济增长、能源结构转型与二氧化碳排放——基于面板数据的经验分析 [J]. 经济与管理研究, 2020, 41 (11): 19 - 34.

[177] 陈瑶, 吴婧. 工业绿色发展是否促进了工业碳强度的降低?——基于技术与制度双解锁视角 [J]. 经济问题, 2021, 497 (1): 57 - 65.

[178] Yu P, Zhu Y, Liu S, et al. Environmental Regulation and Carbon Emission: The Mediation Effect of Technical Efficiency [J]. Journal of Cleaner Production, 2019, 236 (1): 117599. 1 - 117599. 13.

[179] Zhang W, Li G X, Uddin M K, et al. Environmental Regulation, Foreign Investment Behavior, and Carbon Emissions for 30 Provinces in China [J]. Journal of Cleaner Production, 2020, 248: 119208. 1 - 119208. 11.

[180] Zhao X M, Liu C, Sun C, et al. Does Stringent Environmental Regulation Lead to a Carbon Haven Effect? Evidence from Carbon - intensive Industries in China [J]. Energy Economics, 2019, 86: 104631. 1 - . 104631. 20.

[181] Wu H T, Xu L, Ren S, et al. How do Energy Consumption and Environmental Regulation Affect Carbon Emissions in China? New Evidence from a Dynamic Threshold Panel Model [J]. Resources Policy, 2020, 67: 101678. 1 - 101678. 16.

［182］Liu C J, Zhao G. Can Global Value Chain Participation Affect Embodied Carbon Emission Intensity? ［J］. Journal of Cleaner Production, 2020, 287 (4): 125069. 1 – 125069. 14.

［183］Sterne J A. C, Gavaghan D J, Egger M. Publication and Related Bias in Meta – analysis: Power of Statistical Tests and Prevalence in the Literature ［J］. Journal of Clinical Epidemiology, 2000, 53 (11): 1119 – 1129.

［184］颜建军, 杨晓辉, 游达明. 企业低碳技术创新政策工具及其比较研究 ［J］. 科研管理, 2016, 37 (9): 105 – 112.

［185］Pashigian B P. A Theory of Prevention and Legal Defense with an Application to the Legal Costs of Companies ［J］. Journal of Law & Economics, 1982, 25 (2): 247 – 270.

［186］李颖, 徐小峰, 郑越. 环境规制强度对中国工业全要素能源效率的影响——基于2003～2016年30省域面板数据的实证研究 ［J］. 管理评论, 2019, 31 (12): 40 – 48.

［187］Hansen B E. Threshold Effects in Non – dynamic Panels: Estimation, Testing and Inference ［J］. Journal of Econometrics, 1999, 93 (3): 345 – 368.

［188］黄清煌, 高明, 吴玉. 环境规制工具对中国经济增长的影响——基于环境分权的门槛效应分析 ［J］. 北京理工大学学报: 社会科学版, 2017, 19 (3): 33 – 42.

［189］占佳, 李秀香. 环境规制工具对技术创新的差异化影响 ［J］. 广东财经大学学报, 2015, 30 (6): 16 – 26.

［190］李永友, 沈坤荣. 我国污染控制政策的减排效果 ［J］. 管理世界, 2008 (7): 7 – 17.

［191］张丹, 李玉双. 异质性环境规制、外商直接投资与经济波动——基于动态空间面板模型的实证研究 ［J］. 财经理论与实践, 2021, 42 (3): 65 – 70.

［192］应瑞瑶, 周力. 外商直接投资、工业污染与环境规制——基于中国数据的计量经济学分析 ［J］. 财贸经济, 2006 (1): 76 – 81.

［193］余伟, 陈强, 陈华. 不同环境政策工具对技术创新的影响分析——基

于 2004～2011 年我国省级面板数据的实证研究 [J]. 管理评论, 2016, 28 (1): 53 - 61.

[194] 马勇, 童昀, 任洁, 等. 公众参与型环境规制的时空格局及驱动因子研究——以长江经济带为例 [J]. 地理科学, 2018, 38 (11): 1799 - 1808.

[195] 曹珂, 屈小娥. 中国区域碳排放绩效评估及减碳潜力研究 [J]. 中国人口·资源与环境, 2014, 24 (8): 24 - 32.

[196] 王惠, 王树乔. 中国工业 CO_2 排放绩效的动态演化与空间外溢效应 [J]. 中国人口·资源与环境, 2015, 25 (9): 29 - 36.

[197] 王锋, 秦豫徽, 刘娟, 等. 多维度城镇化视角下的碳排放影响因素研究——基于中国省域数据的空间杜宾面板模型 [J]. 中国人口·资源与环境, 2017, 27 (9): 151 - 161.

[198] 刘海云, 龚梦琪. 要素市场扭曲与双向 FDI 的碳排放规模效应研究 [J]. 中国人口·资源与环境, 2018, 28 (10): 27 - 35.

[199] 徐盈之, 王秋彤. 能源消费对新型城镇化影响的研究——基于门槛效应的检验 [J]. 华东经济管理, 2018, 32 (5): 5 - 13, 2.

[200] 高洁, 汪宏华. 教育经费投入对科研创新影响的实证研究 [J]. 科研管理, 2020, 41 (7): 248 - 257.

[201] 张翠菊, 张宗益. 能源禀赋与技术进步对中国碳排放强度的空间效应 [J]. 中国人口·资源与环境, 2015, 25 (9): 37 - 43.

[202] 齐绍洲, 林屾, 王班班. 中部六省经济增长方式对区域碳排放的影响——基于 Tapio 脱钩模型? 面板数据的滞后期工具变量法的研究 [J]. 中国人口·资源与环境, 2015, 25 (5): 59 - 66.

[203] 周宏春. 世界碳交易市场的发展与启示 [J]. 中国软科学, 2009 (12): 39 - 48.

[204] Abadie A, Gardeazabal J. The economic costs of conflict: a case study of the basque country [J]. American Economic Review, 2003, 93 (1): 113 - 132.

[205] Abadie A, Diamond A, Hainmueller J. Synthetic Control Methods for Comparative Case Studies: Estimating the Effect of California's Tobacco Control Pro-

gram [J]. Publications of the American Statistical Association, 2010, 105 (490): 493 – 505.

[206] Ragin C C. The Comparative Method: Moving Beyond Qualitative and Quantitative Strategies [M]. California: University of California Press, 2014.

[207] Fiss P C. A Set – Theoretic Approach to Organizational Configurations [J]. The Academy of Management Review, 2007, 32 (4): 1180 – 1198.

[208] 程建青, 罗瑾琏, 杜运周, 等. 制度环境与心理认知何时激活创业? 一个基于 QCA 的研究方法的研究 [J]. 科学学与科学技术管理, 2019, 40 (2): 114 – 130.

[209] Greckhamer T. CEO Compensation in Relation to Worker Compensation Across Countries: The Configurational Impact of Country – level Institutions [J]. Strategic Management Journal, 2016, 37 (4): 793 – 815.

[210] 谭海波, 范梓腾, 杜运周. 技术管理能力、注意力分配与地方政府网站建设——一项基于 TOE 框架的组态分析 [J]. 管理世界, 2019, 35 (9): 81 – 94.

[211] 伯努瓦·里豪克斯, 查尔斯 C 拉金. QCA 设计原理与应用: 超越定性与定量研究的新方法 [M]. 杜运周, 李永发, 等, 译. 北京: 机械工业出版社, 2017.

[212] Meuer J, Rupietta C, Backes – Gellner U. Layers of Co – existing Innovation Systems [J]. Research Policy, 2015, 44 (4): 888 – 910.

[213] 张明, 陈伟宏, 蓝海林. 中国企业"凭什么"完全并购境外高新技术企业——基于 94 个案例的模糊集定性比较分析 (fsQCA) [J]. 中国工业经济, 2019 (4): 117 – 135.

[214] 丛爽. 面向 MATLAB 工具箱的神经网络理论与应用 [M]. 3 版, 安徽: 中国科学技术大学出版社, 2009.

[215] 张静文, 刘婉君, 李琦. 基于关键链改进搜索的遗传算法求解分布式多项目调度 [J]. 运筹与管理, 2021, 30 (3): 123 – 129.

[216] 宫华, 李作华, 刘洪涛, 等. 基于改进 PSO – BP 神经网络的贮存可

靠性预测 [J]. 运筹与管理, 2020, 29 (8): 105 – 111.

[217] 邓雪, 林影娴. 基于改进粒子群算法的复杂现实约束投资组合研究 [J]. 运筹与管理, 2021, 30 (4): 142 – 147.

[218] 田旻, 张光军, 刘人境. 粒子群遗传混合算法求解考虑传输时间的 FJSP [J]. 运筹与管理, 2019, 28 (4): 78 – 88.